純天然無毒清潔術

Fuki
Fuki

純天然無毒清潔術

Fuki Fuki

妙用小蘇打×檸檬酸×醋
純天然無毒清潔術

contents

本書所出現的單位表

小蘇打	其他
1大匙＝約15g	1大匙＝約15ml
1小匙＝約5g	1小匙＝約5ml
1小杯＝約200g	1小杯＝約200ml

注意　有些使用可食用小蘇打，但若是直接塗抹於肌膚上的，則一定要使用可食用小蘇打。

圖案

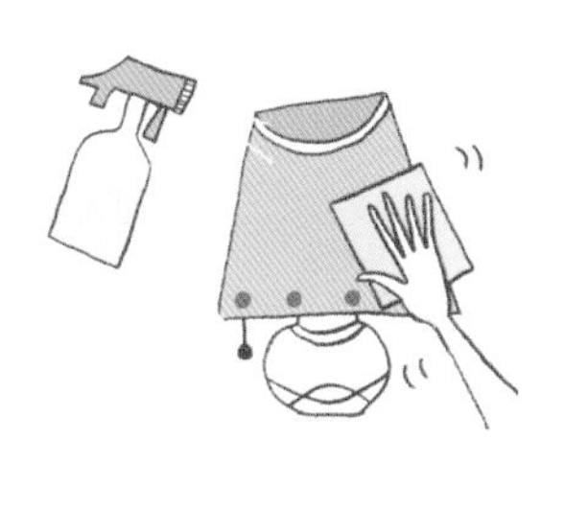

Shu

小蘇打・醋・檸檬酸的天然功效

小蘇打、醋、檸檬酸不但對身體有益，
在掃除及料理上也有不可思議的妙用喔！

小蘇打最大的特點在於——即使殘留在體內，對人體也不會有傷害。小蘇打（baking soda）即碳酸氫鈉、重曹。人體的唾液內也含有碳酸氫鈉，有助於口腔內部的酸鹼中和。除此之外，還具有研磨、發泡、軟水等作用，對於掃除及料理都有極大效用。

此外，醋與檸檬酸也因具有溶解、洗淨、軟化、抗菌等清潔功效，受到極大重視。不論小蘇打、醋或檸檬酸對人體都無害，可放心使用。只要能清楚並善用小蘇打、醋及檸檬酸的功效，它們就能幫助你輕鬆擁有安全、無毒、潔淨的居家生活喔！

Natural Power

小蘇打

Baking soda

可由便利商店或超市等處輕易購買小蘇打。除用於掃除，還可用於食品、藥物等各式物品中。其柔軟的粉末狀對肌膚也相當溫和。

研磨作用 水溶性的小蘇打結晶，加水溶解後，結晶銳利的尖角會漸漸變為圓狀。收集起球狀的結晶，即可做為研磨劑。

中和作用 弱鹼性的小蘇打可與油脂或脂肪酸等酸性污垢，達到酸鹼中和後，展現去除污垢的功效。

發泡作用 小蘇打也可作為製作麵包時的發粉。當小蘇打與醋或檸檬酸等酸性物質中和時，會產生細緻的泡沫。

軟水作用 小蘇打中含有可降低水中鎂、鈣等金屬負離子含量的物質，所以能達到軟水作用。

小蘇打 醋 檸檬酸 功效表

	特性	作用	使用方法	功效
小蘇打	弱鹼 適合去除酸性污垢	研磨作用 中和作用 除臭作用 發泡作用 軟水作用	直接使用粉末 加水溶解拌成糊狀 ※參閱P.8	去油漬 手垢 水漬 異味
醋	酸性 適合去除鹼性污垢	抗菌作用 溶解作用 柔軟作用 防止靜電	直接使用液體 加水稀釋 大約稀釋2至3倍	手垢 水漬 除臭 泛黃
檸檬酸	酸性 適合去除鹼性污垢 溶於水	中和作用 溶解作用 洗淨作用 柔軟作用	直接使用粉末 加水溶解 溶解的比例約為水200ml：檸檬酸1/2小匙	手垢 水漬 除臭 泛黃 異味

檸檬酸

Citric acid

檸檬酸內含檸檬、梅干等酸性成分。與醋同為酸性，所以易清除鹼性污垢。食品中也含有檸檬酸，此成分對人體無害。

中和作用 能有效清除鹼性污垢，並具有除臭、消除異味的功能。

溶解作用 可溶解水中鈣等金屬物質，適用於清潔金屬物品。

洗淨作用 適用於清洗洗臉台、冰箱內的水漬或污垢。

柔軟作用 清洗時加入檸檬酸，不但可軟化衣物，還可預防衣物泛黃。

醋

Vinegar

醋含有醋酸的成分。醋酸具有清除水漬、焦鍋等頑強污漬的功效，還能促進血液循環、消除疲勞。

抗菌作用 具有抑制細菌滋長的功效，也能消除異味。

溶解作用 內含的氫負離子，可滲入污垢，便於清除。若搭配小蘇打一起使用，效果更佳！

柔軟作用 醋具有柔軟衣物的功效。可依照衣料的厚薄加入2至3滴醋液。

防止靜電 由於具有防止靜電的功效，可在清洗衣物時，加入洗衣劑中一起使用。醋還具有緊實肌膚的功能，也可用於洗臉。

活用基本效能

各具功效的小蘇打・醋・檸檬酸

小蘇打大致可分為「粉末」、「液體」、「糊狀」等三種使用方式。請依據使用場所及目的選用。

How to use Baking soda?

小蘇打、醋、檸檬酸具有不同的功效。小蘇打可「直接使用粉末」、「加水溶解後使用」，或是「加水拌成糊狀後使用」。醋的使用方法多為「直接使用」及「加水稀釋後使用」兩種。檸檬酸則是「直接使用」或「加水稀釋後使用」。若選擇直接使用粉末時，請務必小心，以免刮傷被清潔的物品。

只要你能善加利用以上產品的特性，就能讓打掃清潔變得更輕鬆、更愉快！

POWDER

使用粉末

直接使用粉末是最簡單的方法。只要將粉末直接倒入污垢上方即可。

1 將小蘇打粉末倒入易測量的量杯中。

2 以湯匙將粉末倒入玻璃容器中。

3 蓋上蓋子，避免擺放於高溫、潮濕處。

檸檬酸

【作法】與小蘇打粉末相同。移入小瓶中，蓋上瓶蓋，避免置放於高溫、潮濕處。

PASTE

拌至糊狀

小蘇打粉末加水拌至糊狀，以布或刷子沾取後再使用。利用研磨作用去除污垢。

1 將小蘇打粉末裝入盆內，以小蘇打與水3：1的比例，加入水。

2 以湯匙拌至糊狀為止。

3 由於水與小蘇打容易產生分層的狀態，使用前請先拌勻。

SPRAY

加水稀釋

水與小蘇打粉末混合，製作出小蘇打水，倒入噴瓶內，可除臭、去污。

1 準備500ml的水，倒入2大匙小蘇打粉末。

2 以湯匙將粉末攪拌至完全溶解。

3 將小蘇打水裝入噴瓶內。
※小蘇打水的濃度約為0.2%至0.8%。

醋水

【製作方法】水與醋的比例為2至3：1，完全溶解後，裝入噴瓶內。

檸檬酸

【製作方法】200ml的水與1/2小匙的檸檬酸混合至全完溶解後，裝入噴瓶內。

plus ＋合成纖維 增強去污力!!

以100%合成纖維製作的去污布進行除垢，不需添加任何洗潔液喔！只要搭配小蘇打一起使用，去污效果一級棒！讓打掃變得輕鬆又簡單！

“合成纖維布 魔力大公開”

魔力1

纖維的特殊構造！

使用HAMANAKA公司的毛線製成。
從顯微鏡下可看見合成纖維內充滿無數條細線，這些細線正是不需清潔液，也能去除污垢的祕密。

魔力2

具有彈性的鉤織技巧！

由較粗的合成纖維鉤織而成，不但成品具彈性又柔軟。而一般海綿，洗淨後僅只表面光亮，污垢卻未被清除。

魔力3

排水性・通風性是不同的！

以數條粗短纖維鉤織而成，呈現蓬鬆狀。
其他由多條細纖維組合而成的布料，雖排水性佳，但卻無法徹底洗淨污垢。

“如何使用 合成纖維布”

使用方法

●電器用品

可擦拭電視、電腦、電話、音響、手機等電器用品，去除灰塵。特別推薦用於精密、易碎的電器用品。

●油污

鍋子或碗盤沾上油污時，可一邊以熱水沖洗，一邊擦拭。若是很嚴重的油污，建議先以報紙或抹布擦拭油污，再搭配上糊狀的小蘇打，就能輕鬆清除污垢。

●清洗碗盤・浴缸

以水（水溫盡量在攝氏30度以下）和合成纖維布輕洗，即可去除碗盤上的污垢或浴缸的水漬。不但去污效果強，還能避免造成物品的損傷。

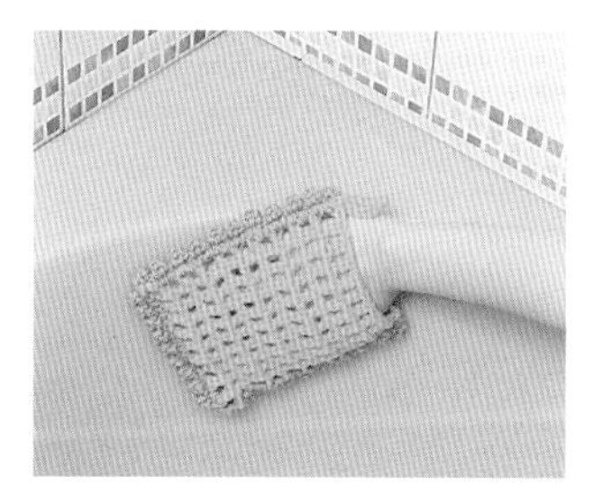

●鏡子・玻璃

直接以合成纖維布擦拭，即可回復乾淨。若污垢嚴重時，可用微濕的合成纖維布直接清潔擦拭，不需使用清潔劑，即可恢復光亮與潔淨喔！

保養方法

●使用後的保養

清洗後，扭乾水分。
日曬或陰乾則能延長使用期限。

●清潔布面污垢

當合成纖維布上沾附污垢時，以少量的肥皂清洗後晾乾即可，或浸泡於小蘇打水內10分鐘，再取出清洗。

注意事項

- **禁止使用漂白劑或柔軟精**
- **禁止以熨斗熨燙**
- **避免置放於過熱處**
- **不可用於熱鍋或平底鍋**
- **不可長時間浸泡於水中**

“動手作 合成纖維布”

廚房

製作色彩繽紛的合成纖維布，讓清洗變得樂趣無窮!!!

以超簡單的起伏編製作合成纖維布。40段的大小最適合用於清洗碗盤。配色可依個人喜好任意搭配。

材料 / HAMANAKA

1.	橘色（415）	8g
	黃綠（476）	7g
2.	黃色（432）	8g
	橘色（415）	7g
3.	黃綠（476）	8g
	黃色（432）	7g

用具

HAMANAKA 8號棒針　2根
7/0至8/0號 鉤針

完成尺寸

14cm×11.5cm

織法

取一股線材進行鉤織。本體處（基礎作法請參閱P.13）做17針，以起伏編鉤織，並於指定段處加入配色線，共編40段。右端第1針至13針做鎖針後，接續進行收針。

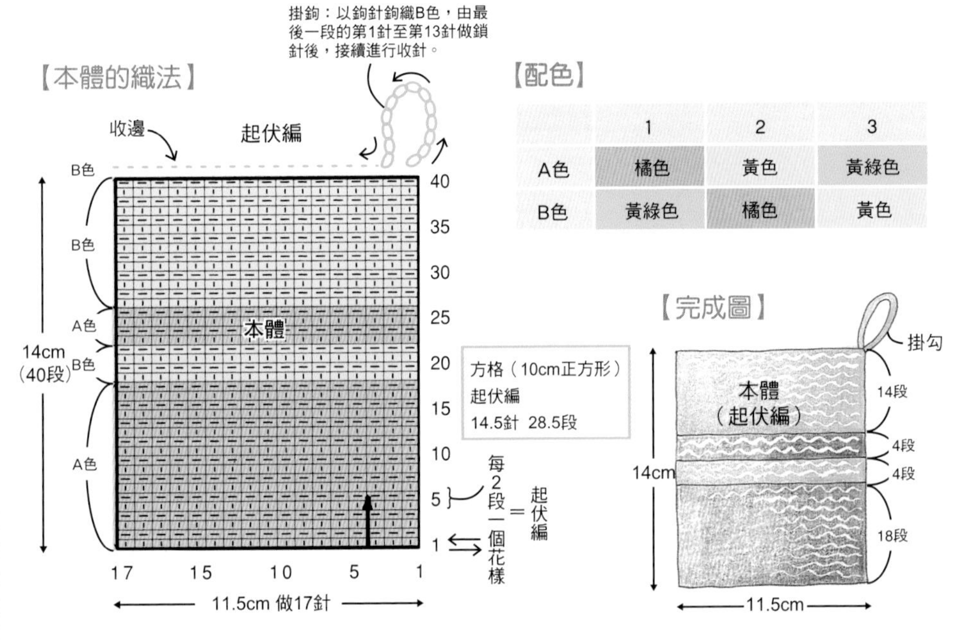

	1	2	3
A色	橘色	黃色	黃綠色
B色	黃綠色	橘色	黃色

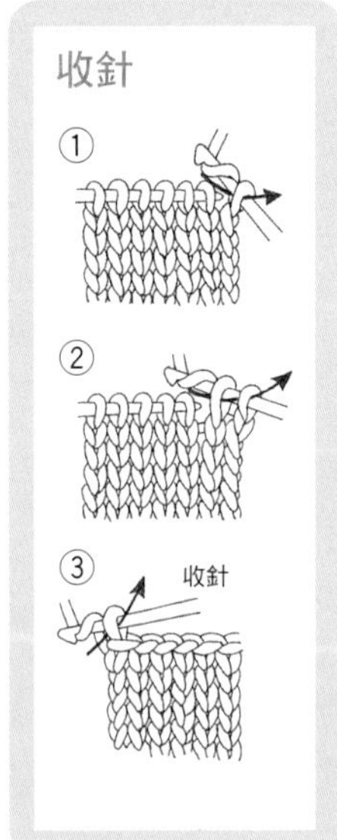

合成纖維手套布，讓掃除工作更輕鬆！

以方眼編鉤織邊緣，製作手套式的合成纖維布。帶著手套即可輕輕鬆鬆打掃浴缸與玻璃窗等寬廣空間。

【配色】

	1	2
A色	褐色	綠色
B色	黃綠色	紅色

材料／HAMANAKA

1.	褐色（433）	30g
	黃綠色（476）	5g
2.	綠色（427）	30g
	紅色（429）	5g

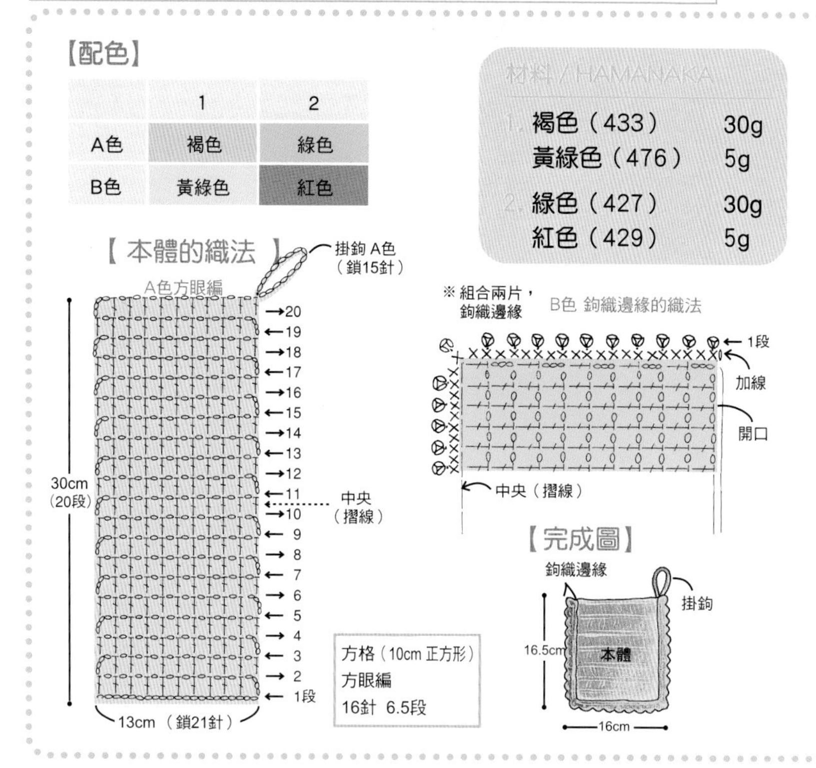

用具

HAMANAKA （7/0至8/0號 鉤針）

完成尺寸

16.5cm×16cm

織法

取一股線材進行鉤織。本體處做21針，裡部做鎖針（參閱下方圖示）。第1針立起鎖3針後，以「鎖1針、長針1針」的方眼編，接續鉤織至20段，掛鉤處以鎖針鉤織。在中央摺線處對摺後，在兩片的邊緣一起做鉤織，鉤三邊留一處做開口。

基礎鉤織技法

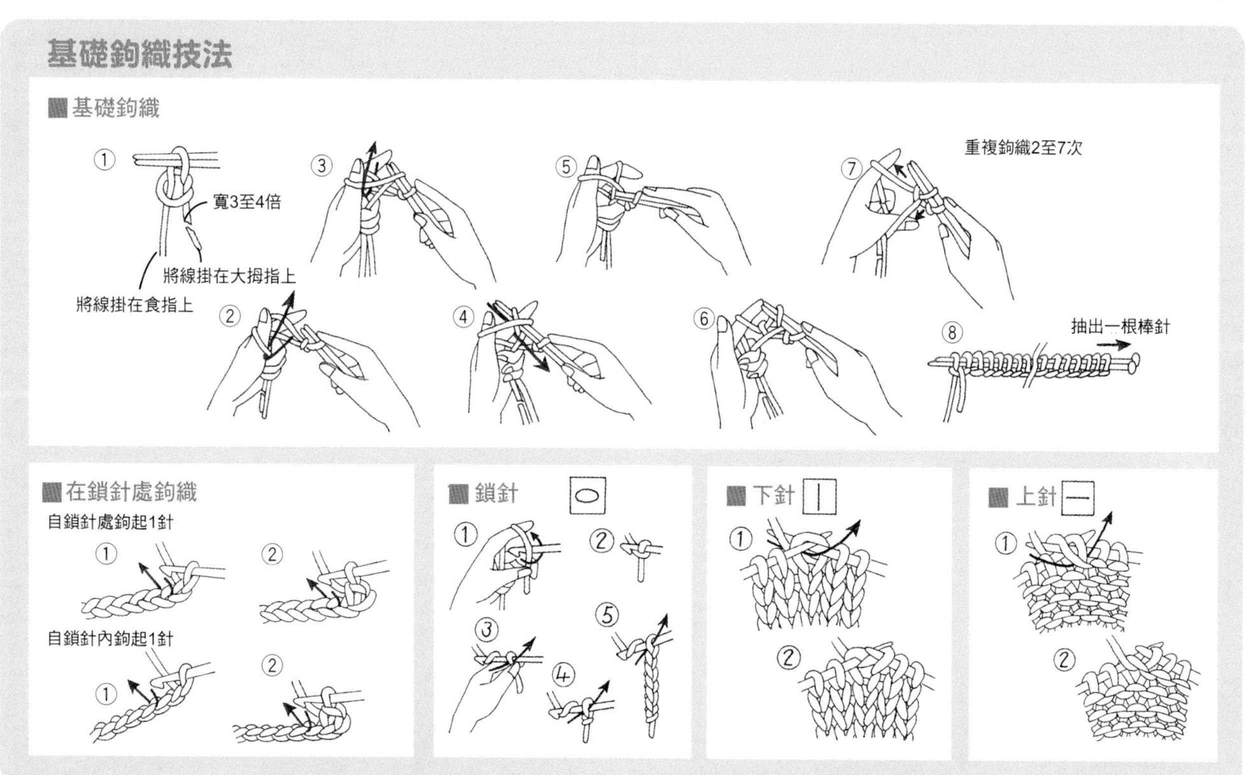

➡P.50

浴室 *Bath Room*

浴缸、蓮蓬頭、排水口等處的污垢
就交由小蘇打來解決吧！

➡P.54

洗滌衣物 *Laundry*

除了換洗衣物，腳踏墊、被單等都
可利用小蘇打來清洗。

➡P.46

洗臉台 *Lavatory*

小蘇打不但可讓化妝鏡恢復亮潔，
還可讓水管口乾淨、清潔。

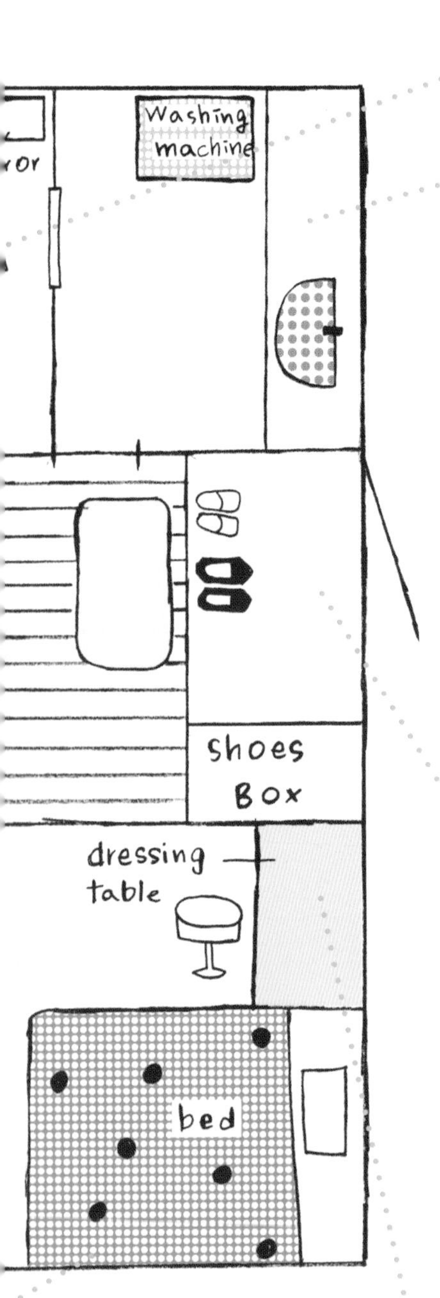

活用各種效能

小蘇打・醋・檸檬酸
使用地圖

使用地圖讓你輕鬆將小蘇打、醋、檸檬酸融入生活中。
看似不重要的小細節內，可是深藏著許多大學問喔！

➡P.62

肌膚護理 *Skincare*

含有小蘇打的沐浴劑，讓肌膚變得更加滑嫩。
小蘇打加上檸檬酸，還有減肥的效果喔！

➡P.52

玄關 *Entrance*

容易產生異味，又易被遺忘的鞋櫃
與玄關附近，就用小蘇打清潔吧！

廚房 Kitchen

➜P.18

每天使用小蘇打，讓廚房常保亮晶晶。不論腳踏墊、洗臉台都能乾乾淨淨呢！

料理 Cooking

料理中加入小蘇打，肉質變嫩了，魚和菜也少了腥味喔！

廁所 Toilet

➜P.48

馬桶內可怕的黃垢，就讓小蘇打和醋一起對付吧！

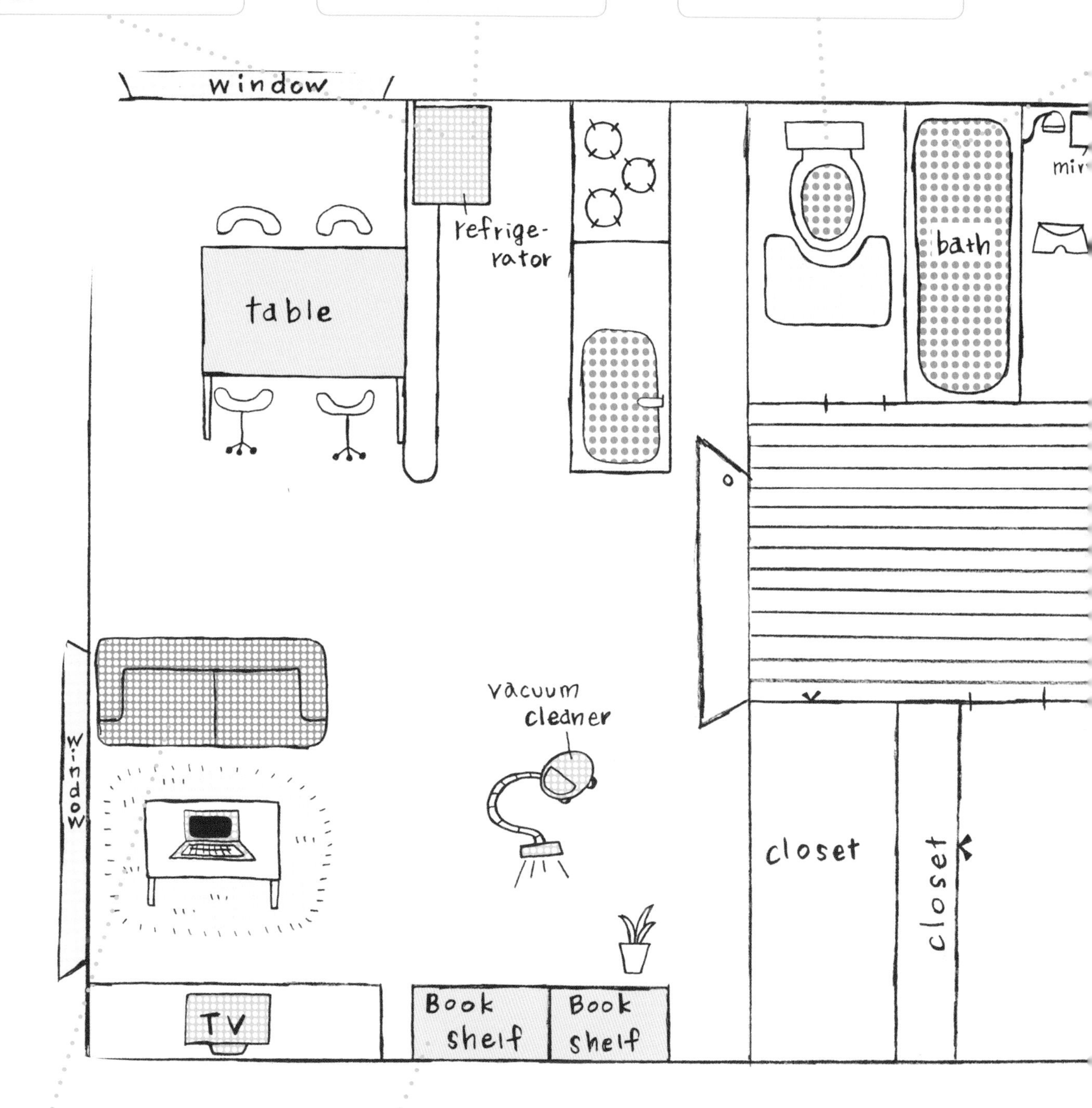

客廳 Living Room

➜P.34

最容易產生污垢的客廳，就用小蘇打和清掃器具一起解決吧！

其他妙用 Other

➜P.70

小蘇打具有預防蚊蟲的功效，也適用於汽車、機車喔！

臥室 Bed Room

➜P.44

衣櫥、臥床等容易因汗味而產生異味，交給小蘇打來處理，一切就沒問題了！

小蘇打・醋・檸檬酸的驚人功效

小蘇打・醋・檸檬酸 Q＆A

認識＆活用小蘇打・醋・檸檬酸！

Q1 小蘇打對人體有害嗎？

A 對健康的人而言，使用小蘇打・醋・檸檬酸是完全沒問題的。

小蘇打本來就存在於大海與人體之中，可算是天然的產物之一。萬一不小心誤食了小蘇打，也不必過於慌張，胃中的酸液可將鹼性的小蘇打中和，轉化為鈉（鹽）。這不是攝取食品的必要過程，而是體內的保護體機制，以此避免食用過量的鹽分。此外，雖然小蘇打對肌膚並不具傷害性，但乾性肌膚或敏感性肌膚者，使用時要特別小心，若有相關問題，請務必詢問醫師。

※由於工業用小蘇打內含有其他物質，請勿食用！

Q2 醋和檸檬酸有何不同呢？

A 醋和檸檬酸基本上是可以一起使用的。

醋和檸檬酸一起使用效果相同。若要區分兩者的差異，醋的酸味較濃烈。和小蘇打一起使用，發泡作用產生的強力去污效果，能對抗頑強難清的污垢。洗臉台、廚房的排水口處，可以醋來清潔；清潔其他地方，則建議使用檸檬酸。

Q3 小蘇打的保存期限有多久？

A 保存期限大約三年。

小蘇打要避免置放於高溫、潮濕處，當存放於密封容器內，保存期限約為三年。

若不作為食用，則可無限期使用，但隨著開封時間越久，效果會越不佳。

當發現其功效不佳時，可在小蘇打內加數滴醋，增強其發泡作用。加水稀釋拌成糊狀使用，則可避免傷害被清潔的物品。

Q4 小蘇打、醋、檸檬酸有哪些使用重點？

A 清掃後以清水清理乾淨。

尤其是使用檸檬酸之後，更要以清水再清潔。由於檸檬酸的酸性比醋強，若不以清水擦拭殘留的液體，則可能造成該物品的損傷。因此，使用檸檬酸之後，一定要以清水清理乾淨。使用高濃度的小蘇打或醋時，也要注意在清洗後，以清水清理。

Q5 哪裡可以買到檸檬酸？

A 可在一般的化工行、藥房、五金材料行採購。

檸檬酸功能多，已日漸普及，在一般化工行、藥房、五金材料行即可採購，也可在網路上採購該產品。檸檬酸不易潮濕，請存放於陰暗或太陽無法直接照射處。

Q6 當作農藥來預防蟲害的小蘇打，對人體無害嗎？

A 小蘇打和農藥是不同的。

只要一聽到「農藥」，許多人腦中會立刻浮現「對人體有害」的想法。但被當作農藥使用的小蘇打，與一般農藥是不一樣的。小蘇打在日本被稱為「特定農藥」，是使用於預防、驅除農作物害蟲，但對人體與環境不會有影響的農藥。由於小蘇打無毒，所以並無用量的限制。

打造
完美居家環境實踐手冊

瞭解小蘇打、醋、檸檬酸的功效後，確實應用在日常生活中吧！
請先準備好抹布、刷子、噴瓶等打掃用具，備妥工具之後，
就可以動手清理廚房、客廳、廁所的陳年污垢囉！
只要妙用小蘇打、醋、檸檬酸，
就能讓居家環境天天都亮麗、整潔！

你希望每日打點三餐的廚房能保持潔淨嗎？
就利用小蘇打和檸檬酸來清理難纏的油污、焦垢，
讓廚房每天都乾乾淨淨！

廚房

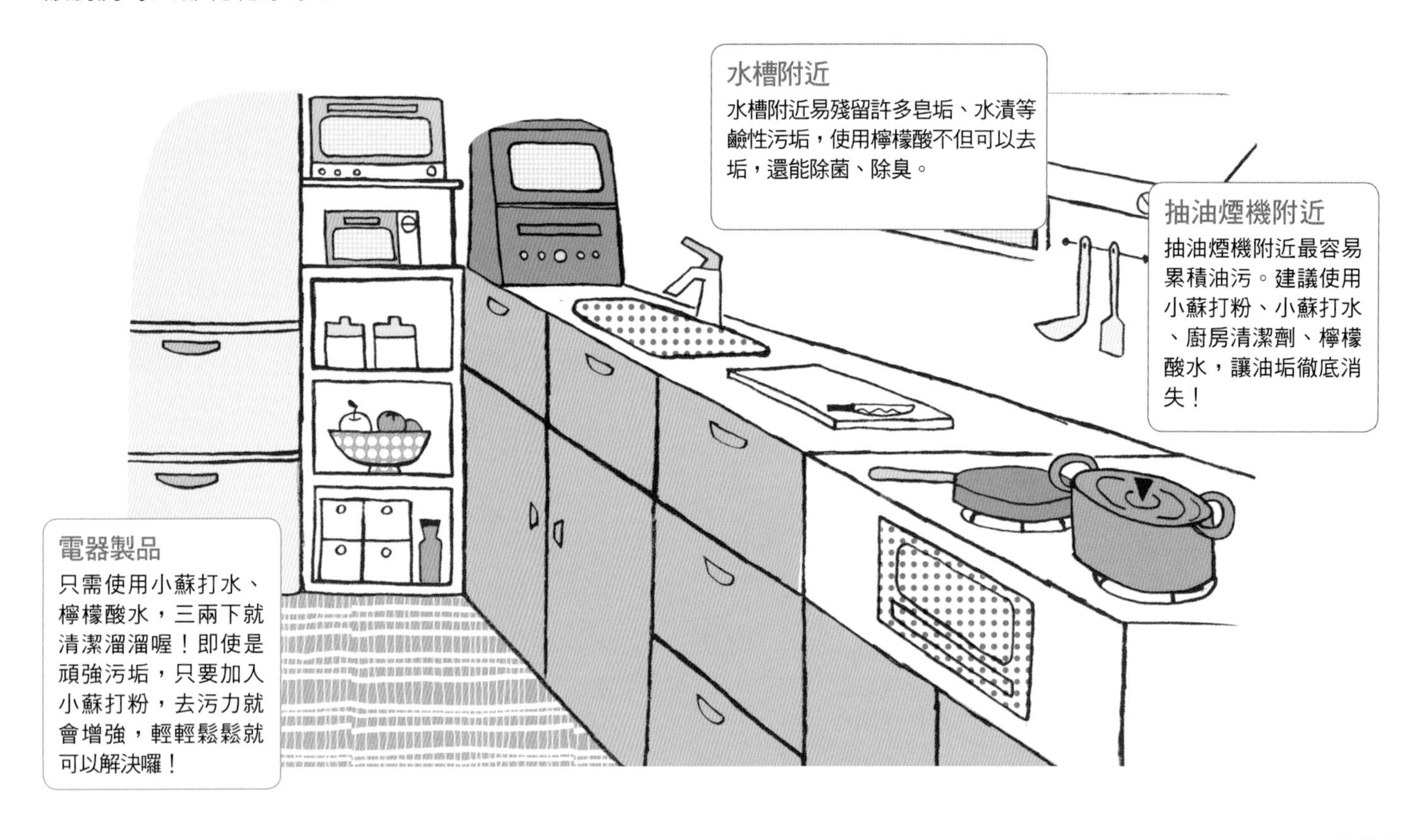

排水口

清洗水槽污垢

小蘇打粉不但可去除髒污，還不會刮傷水槽使用後再以醋水擦拭，可去除殘留的小蘇打粉末。

準備物品

小蘇打粉適量、醋水適量
海綿、噴瓶、布

清理方法

1. 在水槽處撒上小蘇打粉，以海綿輕拭（如上圖）。
2. 以清水沖洗後，將醋水倒入噴瓶，以抹布擦拭（如下圖）。

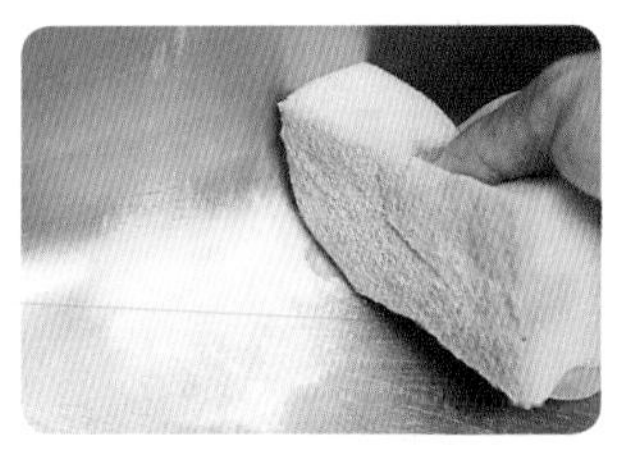

清理濾水袋

以沾滿小蘇打粉的海綿擦拭，再以醋水清潔，就能去除擾人的污垢和菜漬。

準備物品

小蘇打粉適量、醋適量
海綿、噴瓶

清理方法

1. 浸濕海綿，將小蘇打粉撒在濾水袋上。
2. 以海綿輕拭濾水袋，再以清水沖洗。
3. 完成後，將醋水倒入噴瓶，輕噴於濾水袋即可。

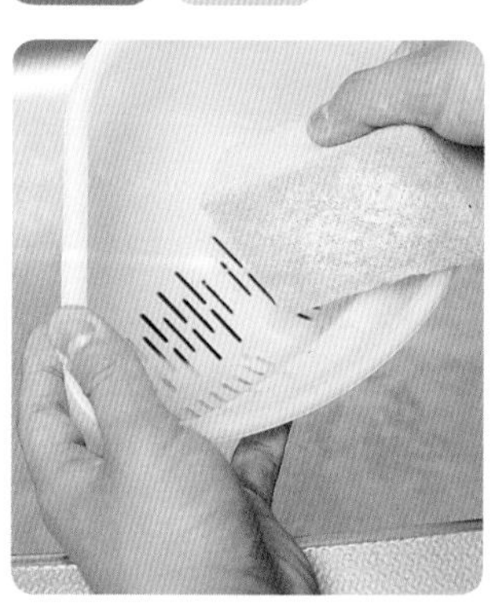

清理流理台髒污

頑強難清的污垢，就用醋水和小蘇打粉清除它！

準備物品

小蘇打粉適量、醋水適量
海綿、布

清理方法

1. 將海綿浸入醋水中。
2. 小蘇打粉撒於海綿與髒污上，以海綿輕拭。（如上圖）
3. 再以布沾水輕拭乾淨。

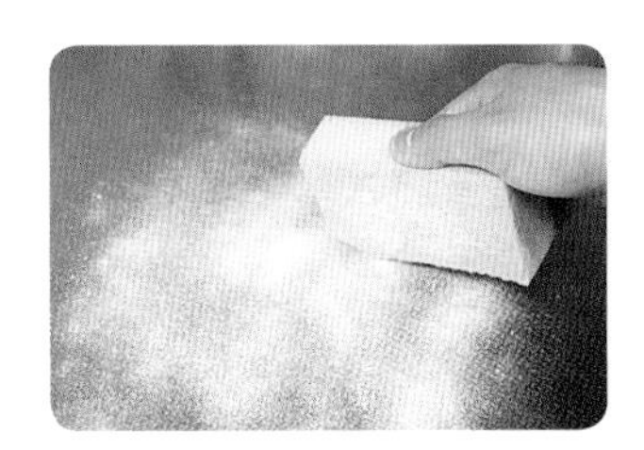
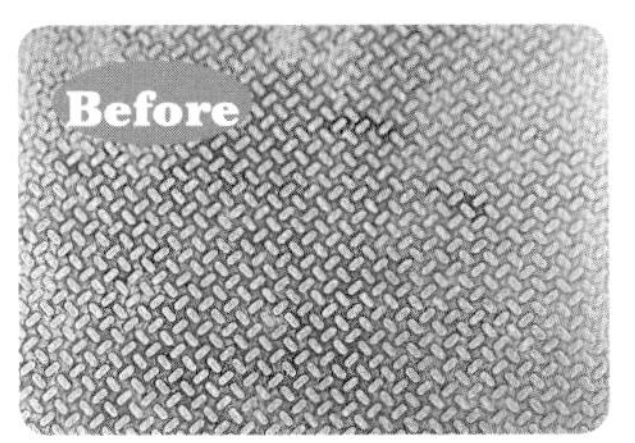

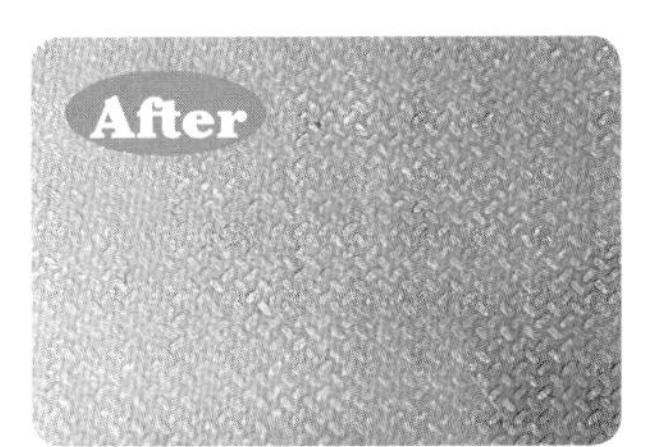

清除牆壁油污

廚房內的牆壁總是噴滿擾人的油污，只要輕噴檸檬水，再以小蘇打粉輕拭，就潔亮無比囉！

準備物品

小蘇打粉適量、檸檬酸水適量
噴瓶、海綿

清理方法

1. 以噴瓶輕噴檸檬酸水於油污處。（如上圖）
2. 浸濕海綿並撒上小蘇打粉輕拭污垢。
3. 再以布沾水輕拭乾淨。

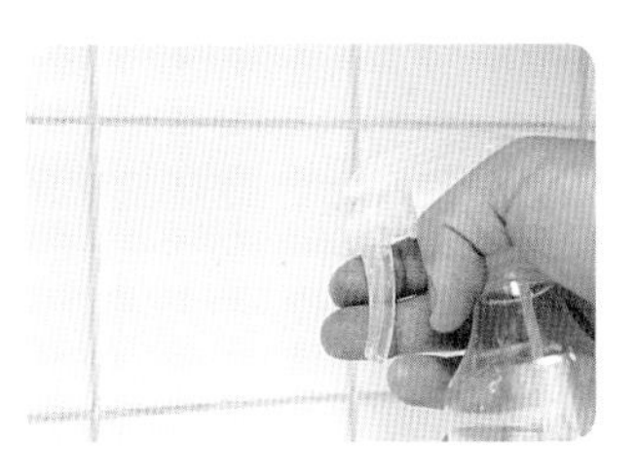
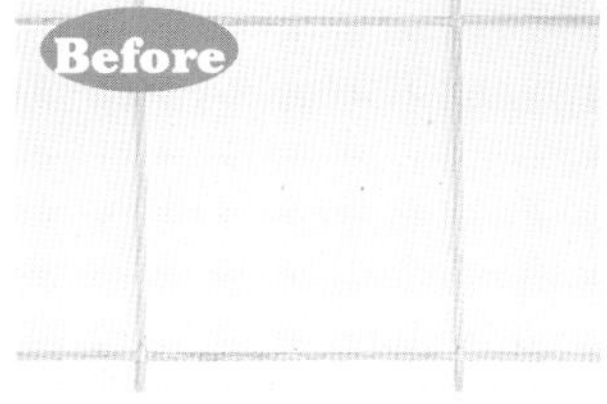

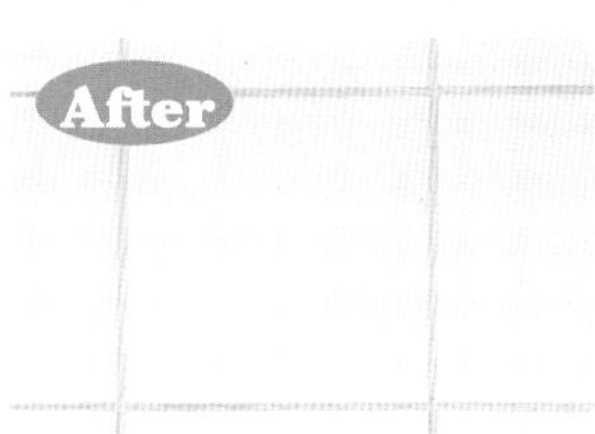

不傷流理台的清處法

以糊狀小蘇打處理因打掃造成傷痕累累的刮痕。

準備物品

糊狀小蘇打適量
海綿、布

清理方法

1. 將糊狀小蘇打倒至流理台的刮痕。
2. 用力擰乾濕海綿，輕拭刮痕處。
3. 再以乾布擦拭。

每日都可做的清理方法

在排水口處貼上浸濕檸檬水的面紙和廚房紙巾，就能常保清潔！

去除水龍頭髒污

利用檸檬酸水的溶解作用，清除水漬、皂漬及油脂所產生的污垢，讓水龍頭恢復潔淨。

準備物品

檸檬酸水適量
噴瓶、海綿、布

清理方法

1. 以噴瓶輕噴醋水於水龍頭上。
2. 以醋水浸濕海綿後，輕拭污垢。
3. 再以乾布擦拭。

清理焦黑網架

網架上殘留著難清的焦黑污漬，就以小蘇打粉來清潔吧！

準備物品

小蘇打粉適量
洗臉台用清潔劑適量
海綿（根據髒污程度）、布

清理方法

1. 將小蘇打粉撒於網架上。
2. 以清潔劑浸濕海綿後，輕拭污垢（如圖）。
3. 以水沖洗後，用布擦拭。

清除抽油煙機濾網

濾網是廚房中最易累積油污又最難處理之處。以小蘇打和清潔劑，就能輕鬆清理擾人的油垢。

準備物品

小蘇打粉適量、水適量
洗臉台用清潔劑適量
噴瓶、海綿（根據髒污程度）

清理方法

1. 將小蘇打粉和水混合製作成小蘇打水。倒入噴瓶，輕噴於濾網上，待油污漸漸浮出。
2. 將小蘇打粉撒於濾網上，海綿沾上清潔劑後，輕拭油污（如圖）。
3. 以清水沖洗。

清理爐口

使用小蘇打水與小蘇打粉清理躲藏於爐口下的頑強污垢效果一級棒。

準備物品

小蘇打粉適量、水適量
噴瓶、布

清理方法

1. 將小蘇打粉和水混合製作成小蘇打水。倒入噴瓶，輕噴於濾網上，待油污漸漸浮出。
2. 將小蘇打粉撒於爐口污垢處。
3. 最後以濕布輕拭。

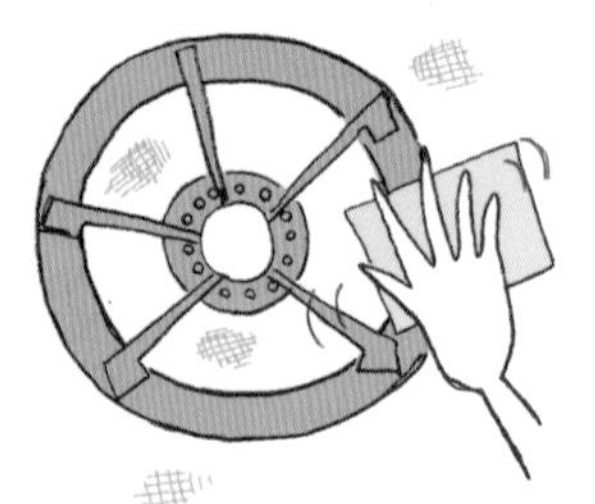

小撇步 只要這樣做，清理廚具一點都不困難呢!!

在爐口或網架上撒上小蘇打粉，不但可去除煎煮魚類時所產生的腥味，還能預防油污的附著喔！

清處爐架髒污

以清潔劑和小蘇打粉清洗污垢效用令人刮目相看呢！

準備物品

小蘇打粉適量
洗臉台用清潔劑適量
醋水適量
海綿（根據髒污程度）

清理方法

1. 將小蘇打粉撒於髒污上方。
2. 將海綿沾上清潔劑後，輕拭油污（如圖）。
3. 清水沖洗後，以噴瓶輕噴醋水。

改用檸檬酸水

以檸檬酸水取代醋水，也具有相同的殺菌功能。

去除咖哩漬

將小蘇打粉倒至沾有污垢的鍋、盤上。即便是咖哩般頑強的污漬都能清潔乾淨。

準備物品

小蘇打粉適量
洗臉臺用清潔劑適量
熱水 1L、海綿

清理方法

1. 以熱水沖洗餐具。
2. 將小蘇打粉撒於盤中。
3. 以浸濕清潔劑的海綿輕擦後，沖洗乾淨（如圖）。

COLUMN
輕鬆清洗碗盤

以乾淨的小盆裝滿清水，撒上小蘇打粉，製作成小蘇打水。將碗盤放入其中，以小蘇打水清洗碗盤即可去除污垢。

清洗玻璃杯

潔淨光亮的玻璃杯，可以讓飲料變得更美味喔！就利用檸檬酸讓玻璃杯再次晶亮耀眼吧！

準備物品

檸檬酸粉5大匙、水3L
臉盆、海綿、布

清理方法

1. 將檸檬酸粉倒入裝水的臉盆中，製作檸檬酸水。
2. 將玻璃杯放入臉盆內，靜置一段時間（如上圖）。
3. 以海綿刷淨玻璃杯後，以清水沖洗，再以乾布擦拭（如下圖）。

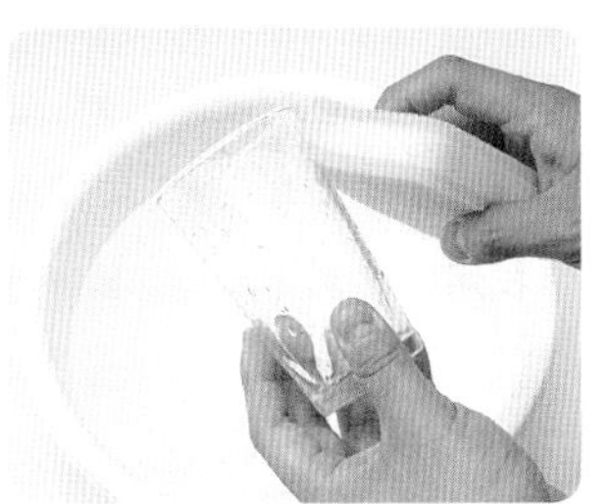

去除茶漬・咖啡漬

只用清潔劑是無法清除長久累積在杯中的茶漬的，一定要搭配使用小蘇打粉。

準備物品

小蘇打粉適量
洗臉台清潔劑適量、海綿

清理方法

1. 將小蘇打粉撒在滿是茶漬的杯子內。
2. 以浸濕清潔劑的海綿輕擦杯子。
3. 再以清水沖洗。

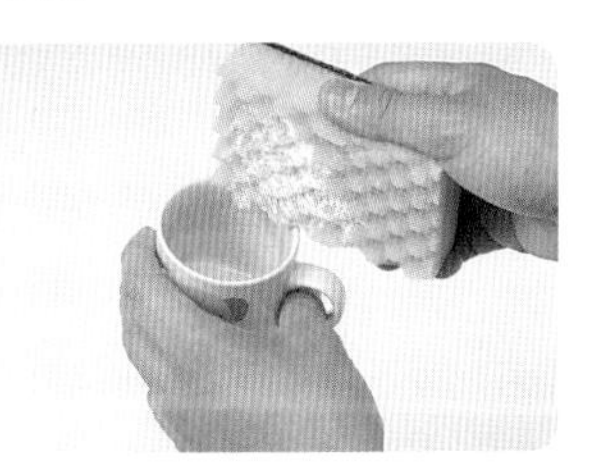

清洗鍋把

別忘了也要清潔容易產生焦黑的鍋把處喔！只要加上小蘇打粉擦拭，就能恢復鍋把的潔淨。

準備物品

小蘇打粉適量
洗臉台清潔劑適量、海綿

清理方法

1. 將小蘇打粉撒於污垢處。
2. 以浸濕清潔劑的海綿擦拭（如圖）。
3. 以清水沖洗淨。

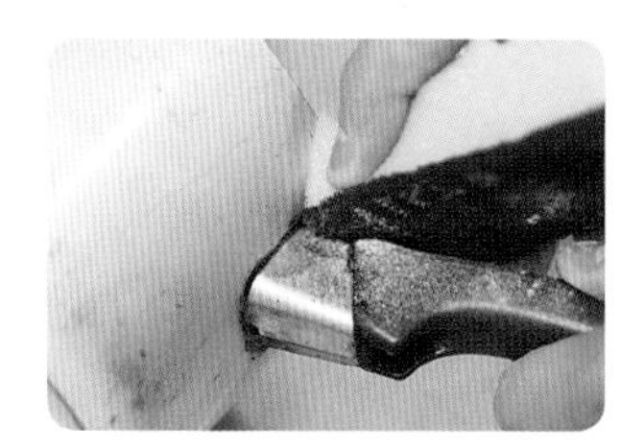

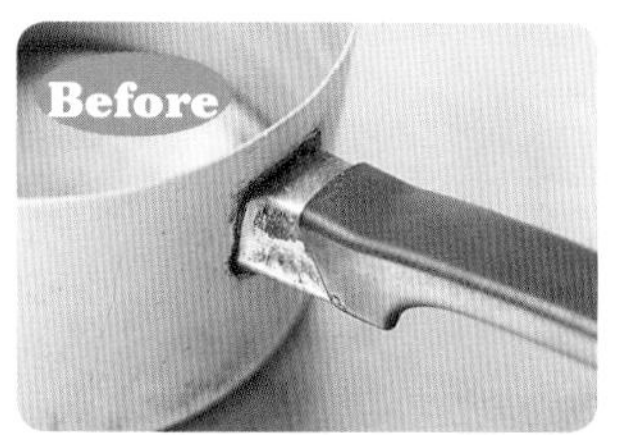

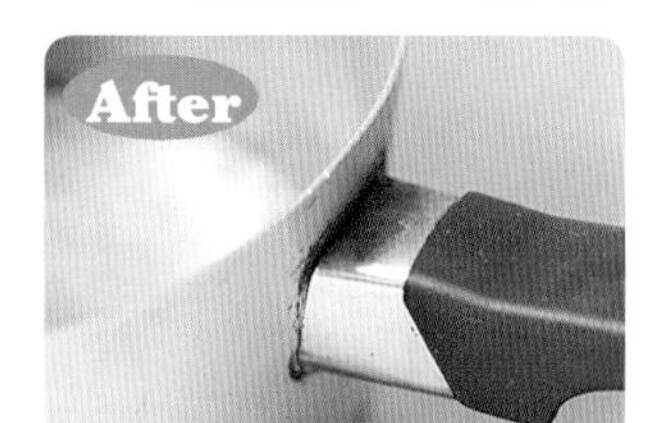

清洗鍋底污垢

使用小蘇打粉及醋，就能輕鬆去除易出現在鍋底的焦黑油垢。

準備物品

小蘇打粉1/2、醋水 1/2杯
海綿

清理方法

1. 在污垢處加上醋水和小蘇粉，打使其達到發泡效果。
2. 以海綿輕拭污垢處（如圖）。
3. 以清水沖洗乾淨。

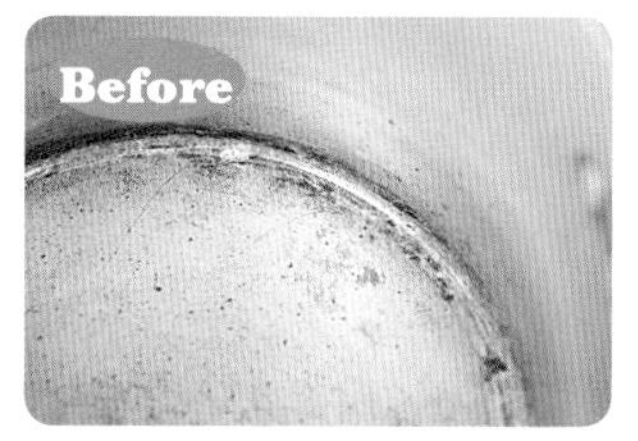

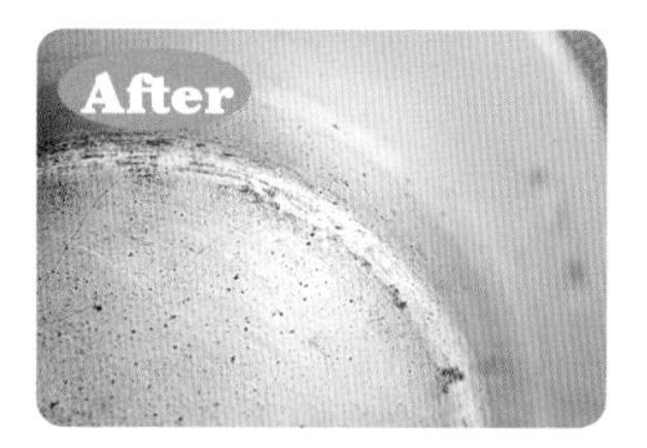

清洗平底鍋

每日必用的平底鍋，總會沾上難纏的油垢，就用小蘇打水來清除它吧！

準備物品

小蘇打粉適量、小蘇打水適量
水、海綿

清理方法

1. 將小蘇打粉撒於平底鍋上。
2. 倒入些許的清水，將平底鍋置於瓦斯爐上方，以大火煮至沸騰後關火。
3. 待平底鍋冷卻後，倒掉小蘇打水。
4. 再次將小蘇打粉撒於平底鍋上，並以海綿刷洗，最後以水清洗（如圖）。

清除頑強污垢

將檸檬酸粉加入小蘇打水中，攪拌均勻，以小火慢煮，即可清除鍋內的污垢。

準備物品

小蘇打粉適量
檸檬酸粉2大匙
水 2L、海綿

清理方法

1. 將清水倒入鍋中。
2. 將檸檬酸粉和小蘇打粉加入鍋中，攪拌至完全溶解（如圖）。
3. 以小火慢煮，煮至沸騰後關火。
4. 待水冷卻後倒掉，再以沾有小蘇打粉的海綿刷洗鍋子，最後以清水沖洗乾淨。

清洗耐熱玻璃鍋

以糊狀小蘇打刷洗，讓耐熱玻璃鍋晶晶！

準備物品

糊狀小蘇打適量
海綿

清理方法

1. 以沾滿糊狀小蘇打的海綿輕拭鍋子。
2. 以清水沖洗後擦乾即可。

也可以改用檸檬酸

以裝檸檬水的噴瓶輕噴鍋身，再輕拭一下即可。

COLUMN

清除鍋底頑強焦垢

長久以來無法清除鍋底的頑強污垢，只需加入滿滿的水與兩大匙小蘇打粉和醋，加熱沸騰後靜置一晚，焦垢便會浮出水面，此時再以海綿（去除難纏污垢的菜瓜布）輕拭即可。

砧板

清洗砧板污垢

處理食材後，砧板上容易殘留污垢，造成細菌滋生。以小蘇打粉和熱水就可將砧板清潔乾淨。

準備物品

小蘇打粉適量
熱水、海綿

清理方法

1. 將小蘇打粉撒於砧板上。
2. 以熱水沖洗乾淨。
3. 海綿沾滿小蘇打粉後，輕拭砧板（如圖）。
4. 以清水洗淨後，置於通風處使其自然乾燥。

以檸檬酸水加強清潔效果

以裝檸檬水的噴瓶輕噴洗淨的砧板，就能具有殺菌的功能。

去除砧板異味

砧板很容易沾染上各種食材而產生異味。利用糊狀小蘇打來處理，不但可除臭，還可以清潔喔！

準備物品

糊狀小蘇打適量

清理方法

1. 將砧板的切菜面，塗上糊狀小蘇打粉（如圖）。
2. 靜置約10分鐘。
3. 以清水沖洗後，置於通風處使砧板自然乾燥。

清除冰箱污垢

每日開關的冰箱門，長期下來累積了不少手垢水漬。利用小蘇打水，將冰箱重新改頭換面吧！

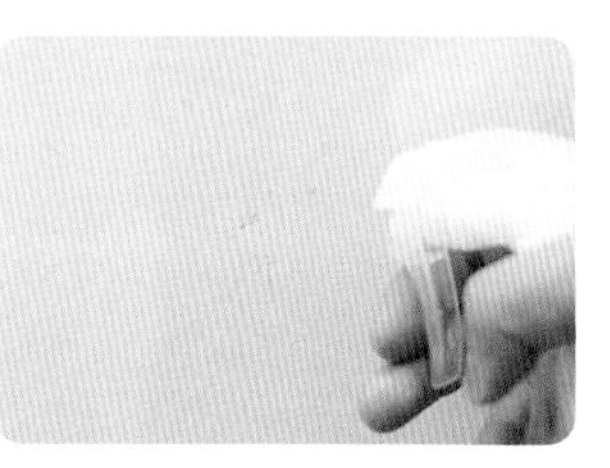

準備物品

小蘇打水適量、噴瓶、抹布

清理方法

1. 裝有小蘇打水的噴瓶，均匀地噴灑冰箱門板及把手上污垢區塊（如圖）。
2. 以濕抹布將污垢輕輕刷洗擦淨。

消除蔬果冷藏室異味

存放蔬果的冷藏室，容易殘留葉菜及果皮損傷後產生的異味。若在底部先灑上小蘇打粉，即可有效預防怪味產生。

準備物品

小蘇打粉適量、餐巾紙

清理方法

1. 將小蘇打粉均匀地灑在冷藏室底部（如圖）。
2. 再把餐巾紙平均鋪蓋在灑有小蘇打粉末的底層各部位。

小撇步

小蘇打除臭一級棒！

一般小蘇打粉的除臭效果可維持兩個月左右。若是超過使用期限，建議要更換新的小蘇打粉，才能真正發揮功效喔！

去除冰箱異味

以沾滿小蘇打粉的海綿擦拭，再以醋水清潔，就能去除擾人的污垢和菜漬。

準備物品

小蘇打水適量、小蘇打粉適量
布、空瓶

清理方法

1. 將小蘇打水噴在冰箱內，以布擦拭。
2. 將小蘇打粉放入空瓶內，打開瓶蓋，藉此消除冰箱內的異味，可作為除臭劑使用（如圖）。

COLUMN

小蘇打粉節約妙方

作為除臭劑使用的小蘇打粉，可在更換時，將用過的舊粉末拿來清理排水孔一帶的污漬，既環保又好用。

清除冰箱冷藏室頑垢

如果不小心潑濺出湯汁，即會變成又乾又硬的頑漬。可藉由小蘇打粉與檸檬酸水的發泡效果，將難纏污垢一網打盡。

準備物品

小蘇打粉適量、檸檬酸水適量
噴瓶、抹布

清理方法

1. 將小蘇打粉灑在乾掉的污垢上。
2. 以裝有檸檬酸水的噴瓶，對著灑有小蘇打粉的地方均勻噴灑（如圖）。
3. 靜置五分鐘，待兩者產生發泡作用。
4. 再以濕抹布擦去溶解的污垢。

去除冰箱鏽痕・髒污

由於冰箱內部水氣較重，常會有生鏽情況。只要利用小蘇打糊，就可以將討厭的鏽漬全部趕走！

準備物品

小蘇打糊適量、抹布

清理方法

1. 在生鏽、污漬處塗抹上小蘇打糊。
2. 以濕抹布擦拭乾淨即可（如圖）。

冰箱裡外都別忘了
常保潔淨！

去除冰箱污漬

冰箱裡擺放了各式各樣的食材及菜餚，取用時，一不注意便會留下黏膩的油漬，這時就交給小蘇打粉即可一手搞定。

準備物品

小蘇打粉適量、抹布

清理方法

1. 將沾濕的抹布擰乾，並撒上小蘇打粉（如圖）。
2. 以抹布擦拭污漬處。
3. 再以抹布濕擦一遍即可。

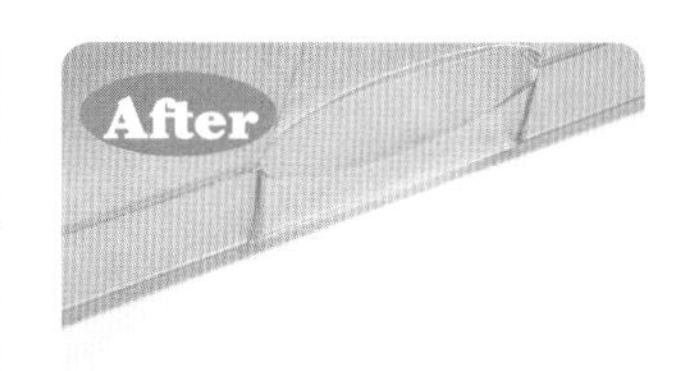

平日保養妙方

在臉盆內倒入一公升的水及三大匙的檸檬酸粉末，充分攪拌均勻。再放入抹布浸濕並擰乾，用來擦拭冰箱內部。

去除微波爐玻璃門污漬

微波爐的玻璃窗拉門及把手上，總會沾上難清的油膩污垢。可利用小蘇打粉絕佳的去污力，讓它輕鬆恢復乾淨原貌。

準備物品

小蘇打粉適量、抹布

清理方法

1. 將小蘇打粉均勻地灑在整面玻璃窗上。
2. 再以濕抹布擦拭乾淨（如圖）。

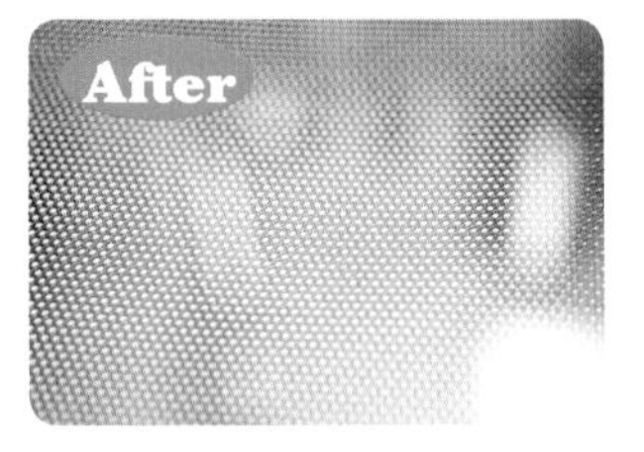

噴上檸檬酸水即可煥然一新！

當除去玻璃窗部分的污漬後，再以檸檬酸水均勻地噴灑一次，並以乾布擦拭乾淨，便可提高玻璃原本的光亮度。

After

清除微波爐頑強污漬

透過加熱蘇打水所產生的熱氣，包覆住微波爐內的頑強污漬，即可快速清潔乾淨。

準備物品

小蘇打水適量、耐熱器皿

噴瓶、抹布

清理方法

1. 取一耐熱容器，裝入小蘇打水。接著放入微波爐內加熱（如圖）。
2. 使水蒸氣充滿整個微波爐內部。
3. 若仍殘留其他污垢，則再次噴灑小蘇打水，並用抹布將蒸氣及污垢一併拭除。

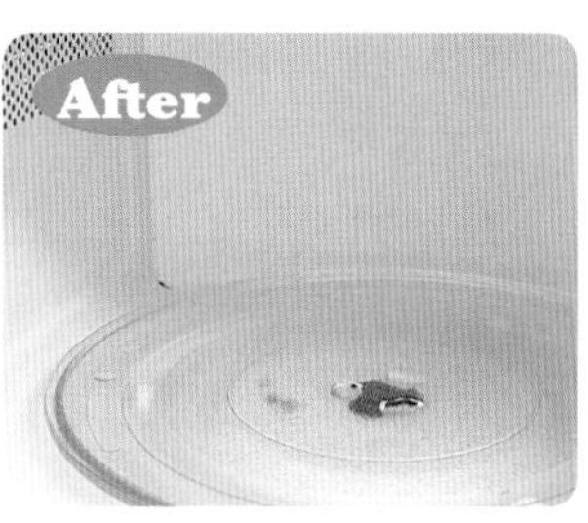

以檸檬酸水補強！

待清理完畢後，再以噴有檸檬酸水的抹布擦拭內部一遍，便能同時殺菌兼除臭。

消除微波爐內異味

每次使用微波爐加熱菜餚後，爐內也會跟著吸附食物所散發出的氣味。可在使用前，先放入小蘇打粉來除臭。

準備物品

小蘇打粉1杯、空的容器

清理方法

1. 將小蘇打粉倒入容器內。
2. 不須加蓋，將小蘇打粉放入微波爐中（如圖）。
3. 待要使用微波爐時，取出擺放小蘇打的容器後再操作。

清除微波爐油漬

使用烤箱或微波爐時，一不小心就將湯汁溢出。可趁污漬尚未黏著凝固前，撒上小蘇打粉清理。

準備物品

小蘇打粉適量
廚房用清潔劑適量
海綿、抹布

清理方法

1. 將小蘇打粉均勻地撒於髒污處，靜置一段時間。
2. 在沾濕的海綿上，倒上少許廚房清潔劑，搓揉起泡後，用來刷洗污漬處。
3. 再以濕抹布擦去污垢即可。

處理烤箱網架

先清除烤箱內的碎焦屑，再以牙刷沾上小蘇打粉仔細刷洗，最後再擦上醋水、便大功告成囉！

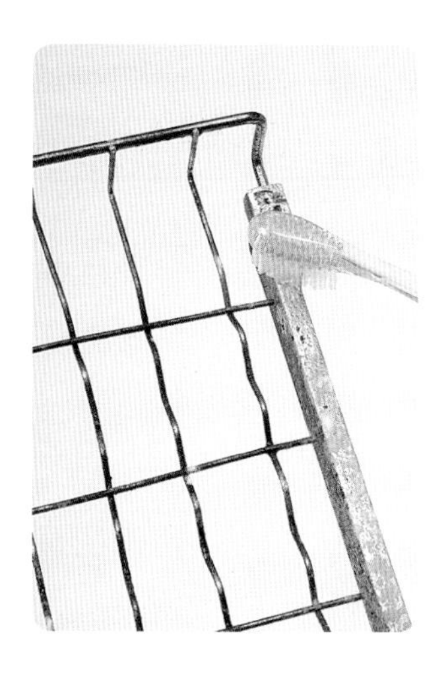

準備物品

小蘇打粉適量、醋水適量
牙刷、抹布

清理方法

1. 烤箱使用完畢後，將內部的焦屑殘渣清除乾淨。
2. 將牙刷沾濕，並沾上一層小蘇打粉，拿來刷洗網架污漬（如圖）。
3. 最後再用噴有醋水的抹布擦拭一遍即可。

清洗烤肉鐵板

到戶外烤肉時，也可隨身攜帶小蘇打粉，清理時就不必累得滿頭大汗囉！

準備物品

小蘇打粉適量、水適量、抹布

清理方法

1. 使用完鐵板後，將小蘇打粉均勻地撒滿整塊板面。
2. 靜置一段時間，待鐵板降溫、板面上的油污被小蘇打粉吸附後，以抹布擦去油污。
3. 最後再用沾濕並擰乾的抹布擦過一遍即可。

清洗微波爐置物盤

微波食物時，常會發生湯汁噴出弄髒轉盤的狀況。可利用小蘇打粉與廚房清潔精，立刻就能輕鬆搞定。

準備物品

小蘇打粉適量、廚房用清潔劑適量、海綿、抹布

清理方法

1. 將小蘇打粉均勻地撒在加熱置物轉盤上。
2. 在沾濕的海綿上，倒上適量清潔劑，用來刷洗盤面。
3. 以水沖洗乾淨後，再用抹布擦乾。

清洗餐具

附著於餐具上的黏膩污漬實在令人頭痛。只要在餐具放入洗碗機前，先灑上小蘇打粉，洗淨效果就會大大加分。

準備物品

小蘇打粉適量

清理方法

1. 將洗碗機底盤灑滿一層小蘇打粉。
2. 在餐具上灑大量的小蘇打粉，並將它放到托盤架上排好。
3. 放進洗碗機後，啟動開關、進行清洗。

清洗洗碗機

洗碗機內殘留的皂垢水漬等鹼性污垢，皆可利用檸檬酸來清潔。

準備物品

檸檬酸粉50g

清理方法

1. 將檸檬酸粉倒入洗碗機的清潔劑抽屜盒內。
2. 不放入餐具，讓洗碗機正常運轉清洗。

COLUMN

聰明使用洗碗機的訣竅

為延長洗碗機的使用壽命，平日的操作與保養格外重要。可選用天然的小蘇打粉，細心清潔每一處。

碗盤先浸泡在小蘇打水中待洗

由於蛋白質具有遇熱易凝固的特性，因此，當洗碗機處於高溫的狀態下，就很容易出現結塊的情形，這將導致清潔上變得困難。若將待洗的碗盤先浸泡在小蘇打水內，清洗起來就會省事許多。

常清洗瀝架，保持乾淨

使用洗碗機時，沉積在瀝架上的污垢也會跟著熱水一併噴濺出來。因此平常可將瀝架放在裝有小蘇打水的臉盆內澆洗清潔，以確保每次清洗使用的熱水都能乾乾淨淨。

利用小蘇打和醋，輕鬆洗淨又環保

如果餐具上僅有少量油漬，可用兩大匙的小蘇打粉取代洗碗機的專用清潔劑，清潔效果一樣好。或加入兩大匙的醋，同樣也能清除餐具上的惱人異味。

清洗沖泡杯

濾紙杯內的細密溝槽特別不好清理。只要使用牙刷即可輕易除去難纏污漬。

準備物品

小蘇打水適量、小蘇打粉適量
噴瓶、牙刷

清理方法

1. 以裝有小蘇打水的噴瓶，噴濕濾紙杯內部。
2. 撒上小蘇打粉、靜置片刻。
3. 拿牙刷將內部污漬刷除（如上圖）。
4. 再用水沖淨，晾乾即可（如下圖）。

擦拭電鍋表面

收藏在廚房四周的電器用品，因吸附油煙、灰塵而顯得油膩發黃，那就讓小蘇打粉助你一臂之力吧！

準備物品

小蘇打水適量、小蘇打粉適量
噴瓶、抹布

清理方法

1. 將小蘇打水裝入噴瓶內，均勻地噴灑在電鍋表面。
2. 接著灑上小蘇打粉。
3. 以乾抹布擦去污漬後，再以濕抹布擦乾即可（如圖）。

清洗果汁機

每當清洗果汁機時，總得卸下各部位零件，真是麻煩！現在起，只要把這個任務交給檸檬酸，便可省去許多麻煩的手續。

準備物品

檸檬酸粉1大匙
水500至750ml

清理方法

1. 在果汁機內注入一半的水（如圖）。
2. 倒入檸檬酸粉，充分溶解後，啟動攪拌約三分鐘。
3. 倒掉檸檬酸水，再次加入清水攪動；最後將水倒掉，晾乾即可。

清洗熱水瓶

要對付電熱水瓶裡討厭的水垢，可借助檸檬酸的去污效果，讓熱水瓶保持潔淨，同時保護身體的健康。

準備物品

檸檬酸粉50g、水適量

清理方法

1. 將熱水瓶加至滿水位，倒入檸檬酸粉，攪拌至完全溶解後，插上電源開始煮沸（如圖）。
2. 拔掉電源，待檸檬酸水冷卻後，將它倒掉，並刷洗內部。
3. 為充分去除檸檬酸，再次加至滿水位，重新煮沸。
4. 最後把煮沸的水倒掉，晾乾。

消除刀具鏽痕

菜刀若沒做好清潔保養，就會出現生鏽的情況。想延長刀具的使用期限，就交給小蘇打吧！

準備物品

小蘇打粉適量、醋水適量
海綿、噴瓶、抹布

清理方法

1. 在沾濕的海綿上，灑上些許小蘇打粉，搓洗菜刀上的污漬後再以水沖淨。
2. 以裝有醋水的噴瓶，均勻地噴灑刀面。
3. 將菜刀置於抹布上方，確實晾乾（如圖）。

小蘇打清潔須知

使用小蘇打來清理鋁製品或未經加工的木製砧板，會使表面產生黑點，請務必注意！

去除濾網污漬

清洗食材、白米後的碎屑殘渣，常會塞在濾網細孔中。噴上小蘇打水輕輕刷洗，便可順利去除。

準備物品

小蘇打粉4大匙、廚房用清潔劑適量、溫水1L、臉盆

清理方法

1. 在臉盆內裝滿溫水，倒入小蘇打粉和清潔劑。
2. 將濾網倒置、浸泡於盆內約五分鐘（如圖）。
3. 將濾網在水裡搖動清洗後，以水沖淨。

使用完畢立即殺菌！

當廚具使用完、洗淨後，記得噴上檸檬酸水。這個簡單的小動作，就可達到殺菌除臭的效果。

清除瓶緣污漬

幾乎每天都會用到的調味料罐，也是最容易累積污垢的地方。只要備好小蘇打水，就能讓你輕鬆清理不怕髒。

準備物品

小蘇打水適量、噴瓶、抹布

清理方法

1. 以裝有小蘇打水的噴瓶，噴灑整個瓶身。
2. 再以濕抹布擦拭整個瓶身（如圖）。

清洗開罐器&削皮器

將開罐器、削皮器噴上小蘇打水，並以牙刷清洗細部髒污，即可回復原本的光亮面貌。

準備物品

小蘇打粉4大匙、溫水1L
臉盆、牙刷

清理方法

1. 將臉盆裝滿溫水，倒入小蘇打粉，充分溶解後，將開罐器放入盆中。
2. 靜置約三十分鐘，以牙刷輕輕刷洗乾淨（如圖）。
3. 最後以水沖淨即可。

消除磨泥板異味

磨泥板上的細密顆粒，不僅易藏污又難清理。但只要交給小蘇打和海綿來處理，就不用再傷腦筋囉！

準備物品

小蘇打粉適量、廚房用清潔劑適量、海綿

清理方法

1. 將小蘇打粉均勻地撒在磨泥板上。
2. 在沾濕的海綿上，倒上少許清潔劑，並刷洗板面（如圖）。
3. 最後以水沖淨即可。

不易清除的髒污可改用……

若用海綿仍無法徹底刷除污漬，則可換成牙刷來加強清理。

清洗叉匙污垢

湯匙、叉子上討人厭的霧化現象及黑點，會影響用餐的心情喔！可使用小蘇打糊研磨洗淨，讓它瞬間恢復光亮。

準備物品

小蘇打糊1/2小匙、海綿、抹布

清理方法

1. 將小蘇打糊塗抹在湯匙表面，以海綿刷洗乾淨（如圖）。
2. 以水沖淨後，再以抹布擦乾即可。

對付頑強污漬就靠……

像鏽痕這類不易清除的污漬，可將小蘇打粉與醋（以1：1的比例調合）塗抹於髒污處，靜置約一小時，再以海綿刷洗，便可恢復光亮。

消除塑膠器皿異味

適合用來調理各種食材的塑膠碗盤，往往容易沾上不同的異味。但撒上小蘇打粉，便可發揮除臭效果。

準備物品

小蘇打粉適量
廚房用清潔劑適量
抹布、海綿

清理方法

1. 將小蘇打粉均勻地撒在塑膠碗內。
2. 以乾布蓋住塑膠碗，靜置一晚（如圖）。
3. 在沾濕的海綿上，倒上少許清潔劑，用來刷洗碗內。
4. 以水沖淨、晾乾即可。

清洗＆保養塑膠器皿

易刮傷的塑膠碗盤，可利用小蘇打糊溫和的研磨效果，幫助去除油膩污漬。

準備物品

小蘇打糊適量、海綿

清理方法

1. 將小蘇打糊倒在碗內，以沾濕的海綿刷洗（如圖）。
2. 再以水沖淨即可。

清洗排水口污垢

排水口周邊常會留下飯粒、肉末等食物殘渣。妙用小蘇打粉及鹽，就能讓污垢無所遁形！

準備物品
小蘇打粉1/2杯、鹽各1/2杯
熱水1L

清理方法
1. 將小蘇打粉和鹽灑在排水口周圍。
2. 倒入熱水沖洗乾淨即可（如圖）。

清除排水口黏漬．臭味

黏膩難聞的排水口讓人覺得不舒服。以小蘇打粉搭配醋水的超強組合，將噁心髒污通通趕走！

準備物品
小蘇打粉1/2杯、醋1杯
熱水2L

清理方法
1. 在排水口邊緣灑上小蘇打粉，倒入醋水。
2. 蓋上排水口蓋子，將作用後產生的泡沫隔絕在內（如圖）。
3. 靜置一小時後，以大量的熱水沖洗乾淨。

疏通排水管

阻塞不通的排水管看似棘手，但只要重複倒入小蘇打粉和溫醋水，就不需搬救兵囉！

準備物品
小蘇打粉1杯、醋1杯
熱水1L
玻璃杯2個

清理方法
1. 將微波加溫過的醋及熱水（分數次使用），裝入玻璃杯備用（如上圖）。
2. 朝排水管內灑入小蘇打粉。
3. 將步驟1的醋水倒入排水管內，靜置十分鐘（如下圖）。
4. 倒入熱水沖刷。

COLUMN

將醋換成檸檬酸水，效果好，氣味佳！

準備物品
小蘇打粉1杯、微溫的檸檬酸水500ml、熱水1L

清理方法
在排水口內灑上小蘇打粉，再倒入加溫的檸檬酸水；靜置十分鐘左右，注入微溫的檸檬酸水沖洗。如此便可順利改善水管阻塞、異味產生等困擾。

去除海綿．鬃刷污漬

使用頻繁的海綿、鬃刷，日積月累的髒污超乎想像！為了健康著想，趕緊將它放入小蘇打水中清洗吧！

準備物品

小蘇打粉4大匙、水3L
臉盆

清理方法

1. 將臉盆裝滿水，倒入小蘇打粉使其完全溶解。
2. 將海綿放入水盆內，於朝上的那面灑上小蘇打粉（如圖）。
3. 搓洗一會兒後，擰乾水分後晾乾即可。

消除抹布異味

儘管打掃得再辛苦，若抹布本身不乾淨，也等於是做白工。以小蘇打粉仔細清洗，可保持抹布的潔淨。

準備物品

小蘇打粉適量、水適量

清理方法

1. 抹布使用完畢後，以水洗淨後，攤開並鋪平。
2. 將小蘇打粉灑滿整條抹布，靜置一段時間（如圖）。
3. 仔細搓洗，讓小蘇打粉均勻地滲入抹布纖維內，並晾乾。

小撇步　檸檬酸水加強清潔

抹布洗淨後，噴上適量的檸檬酸水，再攤平、晾乾。只要一個簡單的小步驟，便能達到殺菌的效果。

消除垃圾桶．垃圾袋異味

通常廚房內的垃圾桶、垃圾袋，只要放上兩、三天，就會出現難聞的氣味。此時，只要撒些小蘇打粉就可避免臭味產生。

垃圾桶

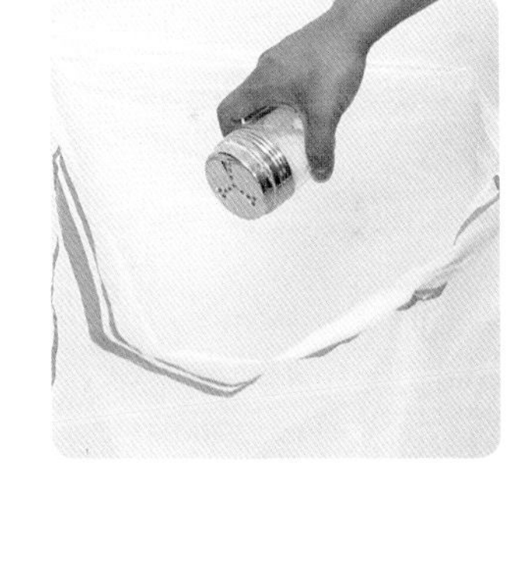

準備物品

小蘇打粉適量

清理方法

這個方法一天可做數次。只要覺得氣味不佳時，就在垃圾桶內倒入適量的小蘇打粉（如圖）。

垃圾袋

準備物品

小蘇打粉適量

清理方法

1. 在裝了廚餘的垃圾袋內，灑入些許小蘇打粉（如圖）。
2. 打包好的大垃圾袋也灑入小蘇打粉。

客廳

客廳是居家環境中最醒目的場所。若客人來訪時不巧目擊茶几、沙發上的灰塵污漬，當場氣氛想必很尷尬。現在起，就以小蘇打、醋及檸檬酸，用心清潔整理一番，讓一塵不染的客廳為你帶來更多好運。

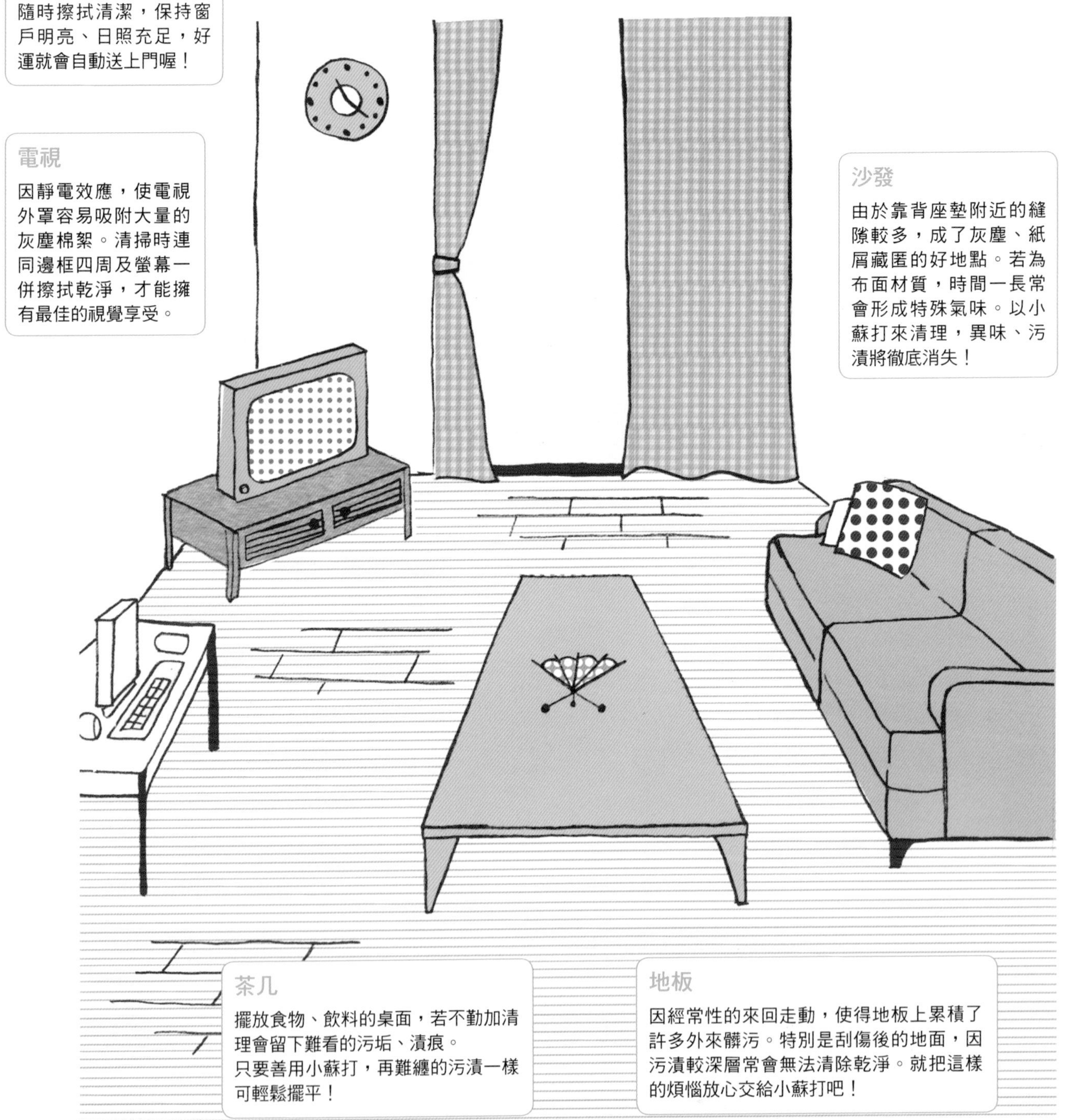

窗戶

室內的照明大半來自窗外的自然光線，如果窗戶霧濛濛，太陽光就無法照進屋裡。
隨時擦拭清潔，保持窗戶明亮、日照充足，好運就會自動送上門喔！

電視

因靜電效應，使電視外罩容易吸附大量的灰塵棉絮。清掃時連同邊框四周及螢幕一併擦拭乾淨，才能擁有最佳的視覺享受。

沙發

由於靠背座墊附近的縫隙較多，成了灰塵、紙屑藏匿的好地點。若為布面材質，時間一長常會形成特殊氣味。以小蘇打來清理，異味、污漬將徹底消失！

茶几

擺放食物、飲料的桌面，若不勤加清理會留下難看的污垢、漬痕。
只要善用小蘇打，再難纏的污漬一樣可輕鬆擺平！

地板

因經常性的來回走動，使得地板上累積了許多外來髒污。特別是刮傷後的地面，因污漬較深層常會無法清除乾淨。就把這樣的煩惱放心交給小蘇打吧！

清除電腦鍵盤污垢

因與雙手接觸頻繁，長期累積的手垢污漬也是相當驚人。快用小蘇打水幫鍵盤好好清潔一下吧！

準備物品

小蘇打粉1大匙、水1杯
抹布、噴瓶

清理方法

1. 水中加入小蘇打粉，攪拌均勻，直至完全溶解，再裝入噴瓶。
2. 將抹布噴上小蘇打水，讓布面略溼即可。
3. 以噴濕的抹布輕輕拭去鍵盤表面的污漬（如圖）。（除電腦螢幕不適用此清潔法，鍵盤及鍵盤面上的污漬均可擦拭清除。）

除塵

抹布噴上小蘇打水擰乾後，便可拿來擦除附著在電視音響器材上的灰塵、污漬。

準備物品

小蘇打粉1大匙、水1杯
抹布、噴瓶

清理方法

1. 水中加入小蘇打粉，攪拌均勻，直至完全溶解，再裝入噴瓶。
2. 將抹布噴上小蘇打水，讓布面略濕即可。
3. 輕輕擦去機殼上的灰塵（如圖）。

擰乾抹布的水分

一旦水分跑進接縫空隙中極可能造成機器故障。因此，清理時請仔細擰除水分後再開始擦拭喔！

去除滑鼠污漬

操作電腦時的必備品——滑鼠，極易藏匿污垢，就利用小蘇打水把它仔細擦亮吧！

準備物品

小蘇打粉1大匙、水1杯
抹布、噴瓶

清理方法

1. 水中加入小蘇打粉，攪拌均勻，直至完全溶解，再裝入噴瓶。
2. 將抹布噴上小蘇打水，讓布面略溼即可。
3. 以抹布擦拭滑鼠上的手垢污漬（如圖）。

小撇步　清潔亮麗的滑鼠

若滑鼠背面裝有滑鼠球，請一併將球體取出，並以噴有小蘇打水的抹布擦拭乾淨。

清潔燈具照明設備

燈罩等處常會附著空氣中的飛塵污垢，經常噴上小蘇打水擦拭，可避免灰塵持續累積。

準備物品

小蘇打粉1大匙、水1杯
抹布、噴瓶

清理方法

1. 水中加入小蘇打粉，攪拌均勻，直至完全溶解，再裝入噴瓶。
2. 在燈具外罩上噴上小蘇打水，再以抹布擦拭乾淨。（請注意不要碰觸到燈泡部分）

清掃前務必拔除電源開關！

擦拭家電前一定要關掉電源開關，再進行打掃工作唷！

去除開關上手垢

常碰觸的開關上累積了不少手垢污漬，就用小蘇打水來好好清潔吧！

準備物品

小蘇打粉1大匙、水1杯
抹布

清理方法

1. 在水中加入小蘇打粉，攪拌均勻，直至完全溶解，再裝入噴瓶。
2. 把抹布噴上小蘇打水，擦拭開關上的污垢。

難對付的頑垢就交給小蘇打糊！

小蘇打糊或小蘇打粉可以對抗不易清除的顯眼污垢。

清潔&保養電話

話筒等接觸面上常會附著來自雙手等的髒污汗漬。以小蘇打水&檸檬酸水來清潔，保證讓污漬無處躲藏！

準備物品

小蘇打粉、檸檬酸粉各1大匙
水2杯、抹布、噴瓶

清理方法

1. 分別於水中加入小蘇打粉、檸檬酸粉，攪拌至完全溶解，再裝入噴瓶。
2. 在抹布上噴小蘇打水，把電話筒上的污漬擦拭乾淨（如圖）。
3. 以裝了檸檬酸水的噴瓶噴濕抹布，再次擦拭話筒，即完成殺菌步驟。

以檸檬酸水做好殺菌的工作！

以小蘇打水清除污垢，再擦上具有殺菌效果的檸檬酸水，就可以加強防護。

COLUMN

碰觸頻繁的區域，請用檸檬酸水先殺菌！

雙手觸碰機率較高的地方，建議先用小蘇打水清潔，再以檸檬酸水擦拭一遍，就能殺菌喔！
此外，容易吸附灰塵的區域若先用檸檬酸水擦拭過，便可有效地減少灰塵的再次沾附。

清洗冷氣污垢

冷氣使用了一段時間後，機殼常會蒙上一層灰塵，為保有良好的空氣品質，建議最好能定期擦拭。

準備物品

小蘇打粉1大匙、水1杯
抹布、噴瓶

清理方法

1. 水中加入小蘇打粉，攪拌均勻，直至完全溶解，再裝入噴瓶。
2. 將抹布噴上小蘇打水，讓布面略濕即可。
3. 再以抹布擦去覆蓋在外殼上的污垢即可（如圖）。

消除臭霉味

在加濕器內灑入適量的小蘇打粉，讓居家環境變得更加舒適宜人。

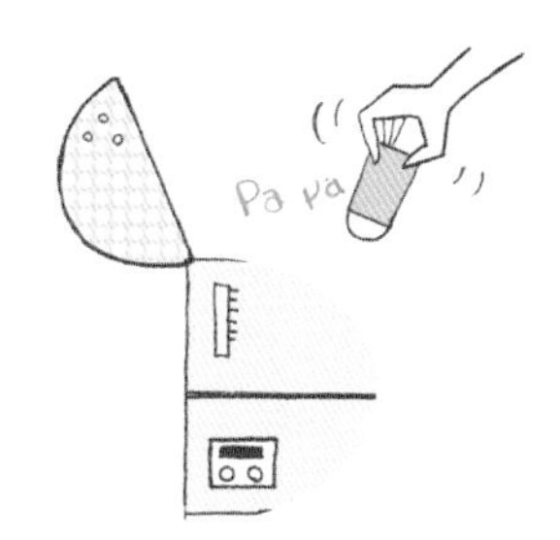

準備物品

小蘇打粉適量（水1L+小蘇打粉1大匙）

清理方法

1. 將小蘇打粉灑入加濕器的加水盒內。
2. 攪拌均勻，直至粉末完全溶解於水中，再裝入加濕器。

以精油增添芳香

滴入幾滴氣味清香的精油於薰香器中，便可使空間隨時處於芳香氛圍中。

COLUMN
小蘇打出馬，髒空氣淨化！

每當感覺異味出現時，就可使用小蘇打粉來幫忙除臭，讓居家空間常保清新空氣，身心才能得到舒緩。還可使用含有自然香氛的精油，效果也很不錯！

清潔掛鐘髒污

鮮少移動的掛鐘後方其實最易藏匿灰塵、髒污！妙用小蘇打水及檸檬酸水，三兩下就可以將污垢清空，恢復潔淨喔！

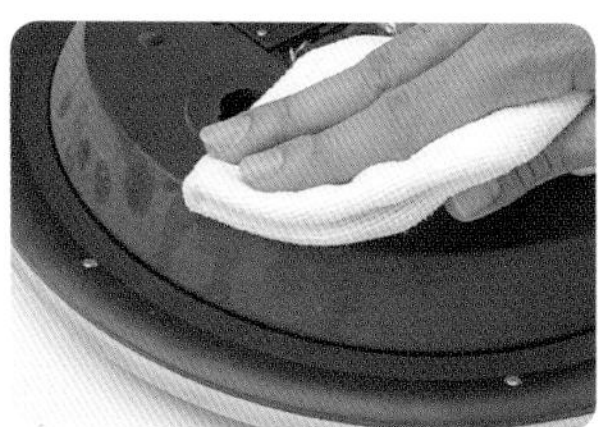

準備物品

小蘇打粉1大匙
檸檬酸粉1大匙
水2杯、抹布、噴瓶

清理方法

1. 分別於水中加入小蘇打粉、檸檬酸粉，攪拌至完全溶解，再裝入噴瓶。
2. 將抹布噴上小蘇打水，擦去附著在鐘上的灰塵污垢（如圖）。
3. 也以噴有檸檬酸水的抹布擦拭整個鐘面，防止灰塵再次附著。

消除吸塵器異味

掃除髒污不遺餘力的吸塵器常會飄散出令人不適的灰塵霉味，只要灑些小蘇打粉便可遮蓋異味。

準備物品

小蘇打粉適量

清理方法

1. 把集塵盒裝進吸塵器前先在盒內灑上適量的小蘇打粉（如圖）。
2. 小心拿取盒子，以免灑出粉末，再裝入機器中即可

在意的異味就用小蘇打粉來除臭

如果你很難接受異味的存在，建議你可在每次清掃前於盒內灑些小蘇打粉。

牆壁

清除牆面污漬

客廳是平常大家常聚集的場所，一旦牆上出現污漬，極容易引人側目。但是，只要平日勤加清理，就能輕鬆維持一個潔淨的空間喔！

準備物品

小蘇打粉適量
海綿、抹布2塊

清理方法

1. 在沾濕的海綿上灑適量小蘇打粉，直接刷洗污漬沾染處（上圖）。
2. 濕擦一遍，再以乾布擦拭淨即可。

天花板

清除天花板黑漬

天花板四周角落常見的黑點污漬，使用小蘇打粉就可以清除乾淨！

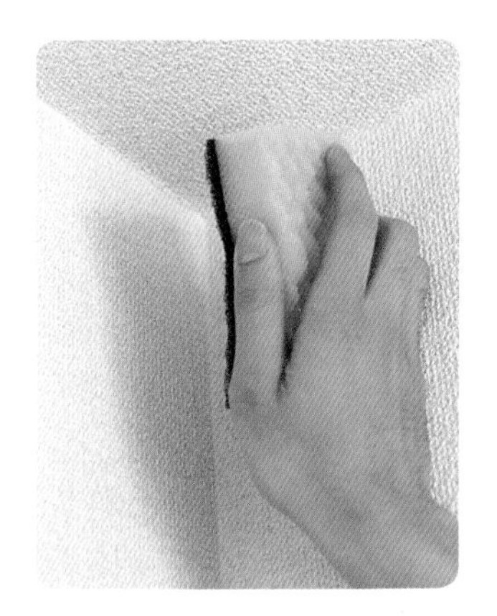

準備物品

小蘇打粉適量、水1杯、海綿抹布2塊

清理方法

1. 在沾濕的海綿上灑適量小蘇打粉，將附著的黑漬刷除乾淨（如圖）。
2. 以抹布濕擦一遍後，再以乾布擦淨即完成。

小撇步 不易清除的部分就派牙刷上場！

對付天花板角落等較難清理的污漬，可以用牙刷來幫忙喔！

地板

去除安全地墊污垢

清潔材質輕軟易受損的安全地板，可用手指輕輕搓揉小蘇打糊來達到溫和去污的效果喔！

準備物品

小蘇打糊適量、抹布

清理方法

1. 小蘇打糊塗抹於灰塵累積形成的污痕上。
2. 以手指搓揉污漬範圍。
3. 再以擰乾的濕抹布擦去搓下的污垢。

小撇步 清除傷痕內沉澱污漬就用牙刷！

當污漬積附在刮痕裡時，可使用軟毛牙刷加強清潔。

去除地板刮痕污漬

木質地板上的污漬就交由小蘇打糊＋檸檬酸水來處理！

準備物品

小蘇打糊適量、檸檬酸粉1大匙、抹布、噴瓶

清理方法

1. 將小蘇打糊塗在地面污痕處，靜置一段時間（如上圖）。
2. 待乾燥至可剝離的狀態時便可擦掉。
3. 再以裝有檸檬酸水的噴瓶噴灑，並以抹布擦拭乾淨（如下圖）。

消除榻榻米污漬

利用檸檬酸水絕佳的防禦效果，讓榻榻米常保清潔，就不怕黃漬的形成。

準備物品

檸檬酸粉末1大匙、水1杯
抹布2塊、噴瓶

清理方法

1. 將檸檬酸粉加入水中拌勻，直至完全溶解，再裝入噴瓶內備用。
2. 在抹布上噴檸檬酸水，使布面略濕即可。
3. 先以步驟2的濕抹布擦拭榻榻米，再以乾布擦乾水氣就ok囉！

COLUMN

驅除窩藏在地毯的跳蚤

將具有殺菌效果的精油，如薄荷、迷迭香等，滴數滴至小蘇打粉中拌勻，使粉末滲入地毯纖維組織內。靜置片刻後，再以吸塵器吸除小蘇打粉，能有效預防跳蚤孳生喔！

清洗地毯污漬

地毯纖維組織中其實藏著大量肉眼難辨的細菌、污漬喔！但只要灑上小蘇打粉就能將髒污清除乾淨。

準備物品

小蘇打粉適量、吸塵器

清理方法

1. 將小蘇打粉灑在地毯上。
2. 以手搓揉步驟1的小蘇打粉，使其深入地毯纖維（如上圖）。
3. 靜置約半天的時間後，再以吸塵器吸乾淨即可（如下圖）。

掌握最佳打掃時機！

因需要靜置一段時間，所以最好挑選無人在時再來清掃比較好喔！

處理潑灑在地毯上的果汁・湯水

若不慎打翻果汁，弄濕地毯時，趕緊用小蘇打粉急救處理，以免日後留下漬痕。

準備物品

小蘇打粉適量、吸塵器

清理方法

1. 在濺出的果汁上灑大量的小蘇打粉，直到看不出痕跡為止（如上圖）。
2. 靜置一段時間，待果汁的水分讓粉末徹底吸收。
3. 待水分吸乾後，以吸塵器吸除小蘇打粉（如下圖）。

清除百葉窗縫污垢

清理百葉窗上的污垢時總是很不順手，其實只要有一雙棉布手套清潔起來立刻事半功倍！

準備物品

小蘇打粉適量、家用清潔劑適量、檸檬酸水適量
棉布手套、噴瓶

清理方法

1. 一手戴上手套，將指尖浸泡在以水稀釋的清潔液中。
2. 接著以手套指尖沾上小蘇打粉。
3. 讓每根手指各別穿入窗縫中，擦拭葉片上的污垢（如上圖）。
4. 最後以裝有檸檬酸水的噴瓶噴濕全窗，並擦拭乾淨即可（如下圖）。

保養和室拉門

日式拉門的框架外緣特別累積灰塵，就以小蘇打水來仔細擦拭乾淨吧！

準備物品

小蘇打粉1/4杯、水2L、抹布

清理方法

1. 水中加入小蘇打粉，攪拌均勻直至完全溶解。
2. 將抹布浸入水中，擰乾水分。
3. 以抹布輕輕擦拭掉積附在框邊的灰塵。

要擰乾抹布！

假如水分沒擰乾，會在木框邊緣留下水漬，反倒可能變成污漬的來源唷！

消除窗簾異味

吸附在窗簾上的異味，也會間接影響屋內氣味的好壞喔！妙用小蘇打水，就可以淨化惱人的異味喔！

準備物品

小蘇打粉1大匙、水1杯
噴瓶

清理方法

1. 在水中加入小蘇打粉，攪拌均勻至完全溶解，再裝入噴瓶。
2. 將窗簾背面均勻噴上小蘇打水（如圖）。

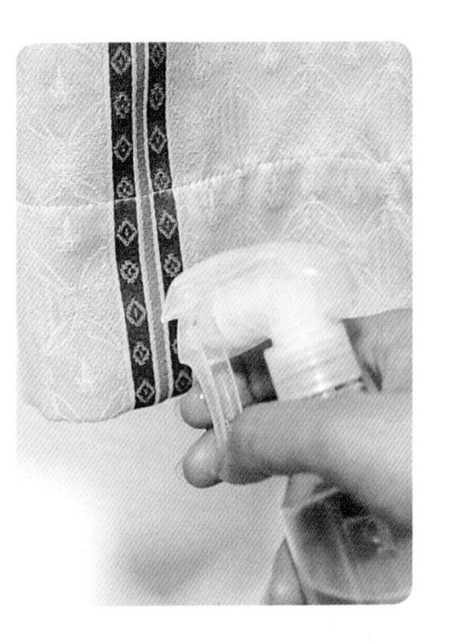

去除窗簾軌灰塵

附著在窗簾掛桿上的細小灰塵也不能放過喔！定期以小蘇打粉來清潔，千萬不要讓污垢有累積的機會。

準備物品

小蘇打粉1大匙、水1杯
抹布、噴瓶

清理方法

1. 在水中加入小蘇打粉攪拌均勻，直至完全溶解，再裝入噴瓶。
2. 將抹布噴上小蘇打水，略濕即可。
3. 以抹布拭除掛桿上的灰塵污垢。

噴檸檬酸水能防污！

因檸檬酸水有防靜電的作用，可抑制灰塵沾附。

清洗窗軌細縫

難以清理的窗軌縫隙，可使用牙刷定期刷洗以保持潔淨。

準備物品

小蘇打糊適量、牙刷、抹布

清理方法

1. 在窗縫中塗上小蘇打糊，以牙刷刷洗。
2. 以濕抹布擦乾淨刷下的污漬（如圖）。

COLUMN

拭乾水分，清掃才算完成！

以濕布擦拭窗戶時，容易有殘留的水痕。要記得以乾布將水珠擦乾淨喔！

清洗紗窗

平常很少注意到的紗門、紗窗常常卡了不少飛塵沙土，這次就以小蘇打粉及海綿把髒污一次徹底清空吧！

準備物品

小蘇打粉適量、海綿、抹布

清理方法

1. 在沾濕的海綿上灑上適量的小蘇打粉。
2. 以海綿較硬的一面，刷洗紗窗上的灰塵髒污。
3. 再以微濕的抹布擦拭一遍即可。

清洗玻璃窗

玻璃窗上的污漬灰塵，有時比想像中的還嚇人。唯有定期清洗擦拭，才是維護窗明几淨的不二法門啊！

小蘇打水

準備物品

小蘇打粉1小匙、水1杯
抹布2塊、噴瓶

清理方法

1. 水中加入小蘇打粉，攪拌均勻，直至完全溶解，再裝入噴瓶。
2. 以小蘇打水噴濕抹布，直接以抹擦拭玻璃窗。（如圖）
3. 擦去窗上污漬後，以乾布擦除殘留的水痕。

清潔皮革沙發

利用小蘇打糊將皮革沙發上難以清的頑強污漬一舉擊退。

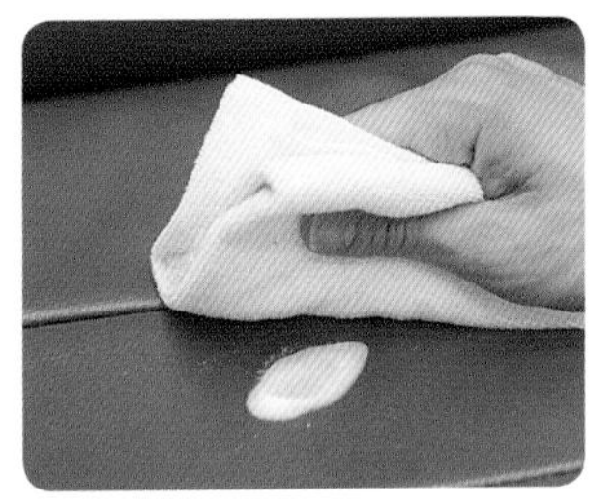

準備物品

小蘇打糊適量、抹布 2塊
皮革專用蠟適量

清理方法

1. 將小蘇打糊塗在沙發污痕上，靜置一晚（如上圖）。
2. 以濕抹布把糊體，連同污漬一併擦拭乾淨（如下圖）。
3. 再以乾布擦過一遍，並塗上皮革專用蠟完成保養。

消除靠墊異味

無論是縫死無法清洗的靠墊外罩或洗後仍殘留的異味，均可以小蘇打水順利解決。

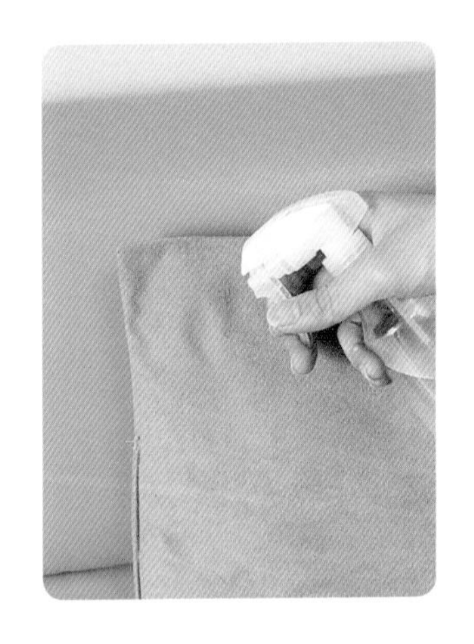

準備物品

小蘇打粉1大匙、水1杯
噴瓶

清理方法

1. 水中加入小蘇打粉，攪拌均勻，直至完全溶解，再裝入噴瓶。
2. 將靠墊外罩噴上小蘇打水（如圖）。

小蘇打＋檸檬酸，除臭＋殺菌一次完成！

只要多做一道噴檸檬酸水的手續，就能達到殺菌的效果。

清潔座椅

表面經加工處理後的金屬椅背、立腳就用噴有小蘇打水的抹布擦拭，就能乾淨如新。

準備物品

小蘇打粉1大匙、水1杯
抹布、噴瓶

清理方法

1. 水中加入小蘇打粉，攪拌均勻，直至溶解再裝入噴瓶。
2. 將抹布噴上小蘇打水，讓布面感覺略濕即可。
3. 以抹布擦除表面污漬。

清潔布面沙發

布面材質的沙發最容易吸引灰塵附著，但只要養成固定清潔的習慣，髒污也無處藏身！

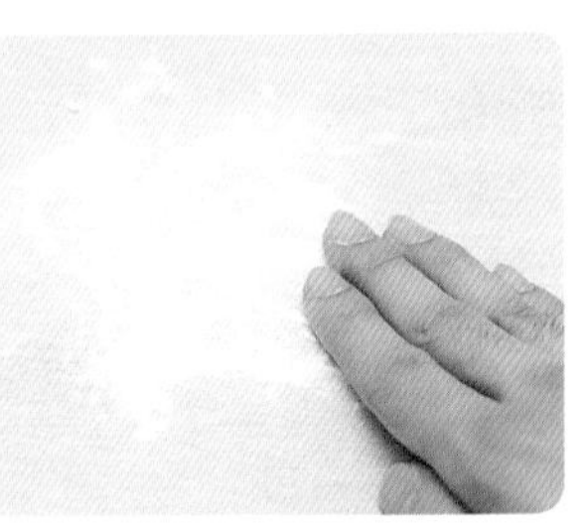

準備物品

小蘇打粉適量、吸塵器

清理方法

1. 小蘇打粉均勻撒在沙發整體。
2. 輕輕按拍粉末使其滲入布料內，靜置約2至3小時（如上圖）。
3. 再以吸塵器吸除殘留的小蘇打粉（如下圖）。

去除菸灰缸異味

煙灰缸內棄置的煙屁股會不時飄出的煙臭味，甚至擴散至屋內四處。妙用用小蘇打粉，就可以把討厭的臭味趕光光！

準備物品

小蘇打粉適量

清理方法

1. 將小蘇打粉先鋪撒於使用前的煙灰缸底部（如圖）。
2. 當感覺到明顯煙味時，再次灑入小蘇打粉，就可除味囉！

養成隨時清煙蒂的習慣

星星之火足以燎原，為了安全起見，請一定要勤加清除屯積的菸灰喔！

清潔打掃用具

負責居家整潔的清掃用具，也用小蘇打水仔細清洗乾淨吧！

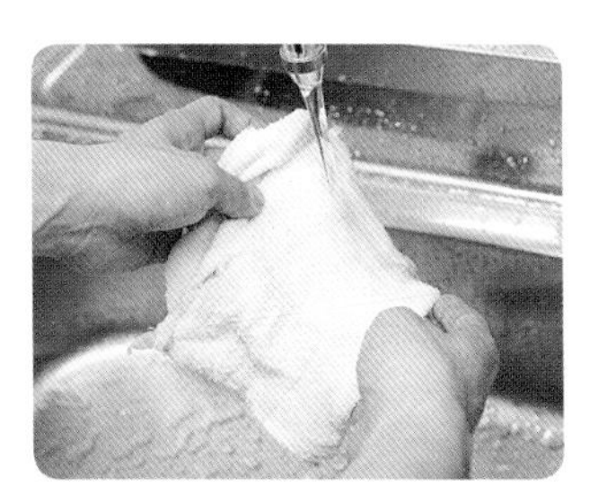

準備物品

小蘇打粉5大匙、水1L
水桶

清理方法

1. 將弄髒的抹布、拖把沖水，並搓揉洗淨。（如上圖）
2. 在水桶內倒入小蘇打粉和水拌勻，直至完全溶解。
3. 把抹布或其它清潔用品浸入桶內，放置一段時間，最後以水沖淨即可（如下圖）。

清潔桌面污漬

附著在餐桌上的食物油渣等污垢，只要利用小蘇打水便能輕鬆去除。

準備物品

小蘇打粉1大匙、水1杯
抹布、噴瓶

清理方法

1. 在沾濕的海綿上灑下適量的小蘇打粉。
2. 以海綿輕輕搓洗污漬處。（如上圖）
3. 再以抹布擦乾即可。

清除置物層架污垢

放置3C產品(如電腦)的置物架上，若累積過多灰塵會影響機器的正常運作，只要定期清潔就可減輕電器負擔。

準備物品

小蘇打粉1大匙、水1杯
抹布、噴瓶

清理方法

1. 水中加入小蘇打粉，攪拌均勻，直至完全溶解，再裝入噴瓶。
2. 抹布噴上小蘇打水，布面略濕即可。
3. 以抹布拭去架上的污垢（如圖）。

臥室

出外返家後所更換下來的衣物，就交給小蘇打和檸檬酸徹底清潔乾淨吧！打造一個整潔舒適的休息環境，可讓身心得以放鬆，並以愉悅心情迎接每一個嶄新的明天。

去除床單異味

清理吸有汗水、油脂的床單時，請以刷子輕刷後，再噴上小蘇打水，晾乾後就可以再使用囉！

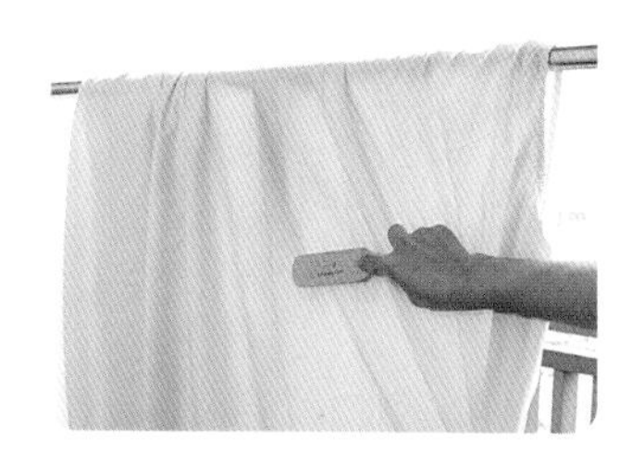

準備物品

小蘇打粉2大匙、水500ml
噴瓶、衣物專用刷

清理方法

1. 將小蘇打粉加入水中，攪拌均勻，製成小蘇打水，再裝入噴瓶。
2. 把床單晾於良好日照處，以刷子刷除表面灰塵（如上圖）。
3. 床單上噴上小蘇打水，晾乾即可再次使用（如下圖）。

更換後的衣物整理

脫下沾染灰塵的衣物，以刷拍除灰塵後再噴上檸檬酸水即完成簡單的保養動作。

準備物品

檸檬酸粉末2大匙、水500ml
衣物專用刷、噴瓶

清理方法

1. 檸檬酸粉加入水中，攪拌均勻，製成檸檬酸水，再裝入噴瓶。
2. 以刷子刷除衣服上灰塵。
3. 噴上檸檬酸水，掛著晾乾。

消除毛毯．棉被異味

將沾有異味的毛毯、棉被灑上小蘇打粉，再以吸塵器吸除，討厭的氣味就不見啦！

準備物品

小蘇打粉適量、吸塵器

清理方法

1. 將小蘇打粉均勻灑在整件棉被上（如上圖）。
2. 置於日光下約一小時。
3. 以吸塵器吸除乾淨棉被上的小蘇打粉（如下圖）。

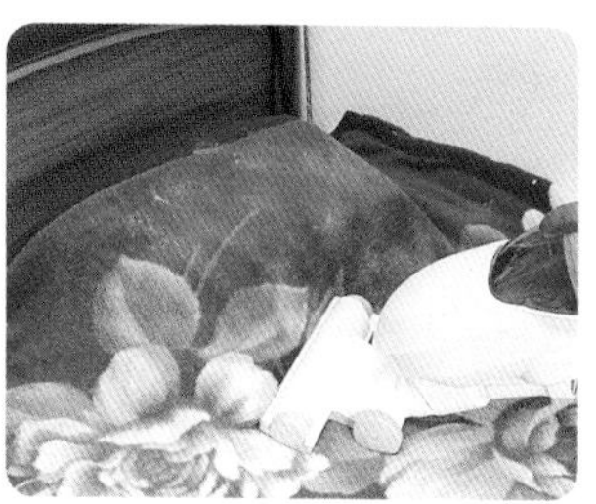

小撇步 床墊也可使用小蘇打來清潔！

床墊、被毯也可使用此清潔法來去除異味喔！

去除衣櫥異味

只要把小蘇打粉裝瓶，以紗布覆口，放置於衣櫥一角，即可有效發揮除臭作用。

準備物品

小蘇打粉1杯、玻璃容器
紗布、繩子

清理方法

1. 將小蘇打粉裝入玻璃容器內。
2. 開口以紗布覆蓋住，以繩子綁緊。
3. 完成後置於衣櫥中任一角落（如圖）。

洗臉台

洗去一臉睡意與壞口氣，
正式開啟美好一天的重要場所就非洗臉台莫屬囉！
正因為此處關乎面子問題，更需時時確保空間的整潔。
小蘇打、醋及檸檬酸可以將髒污、惡氣全都洗去，
讓你天天期待美好早晨的到來！

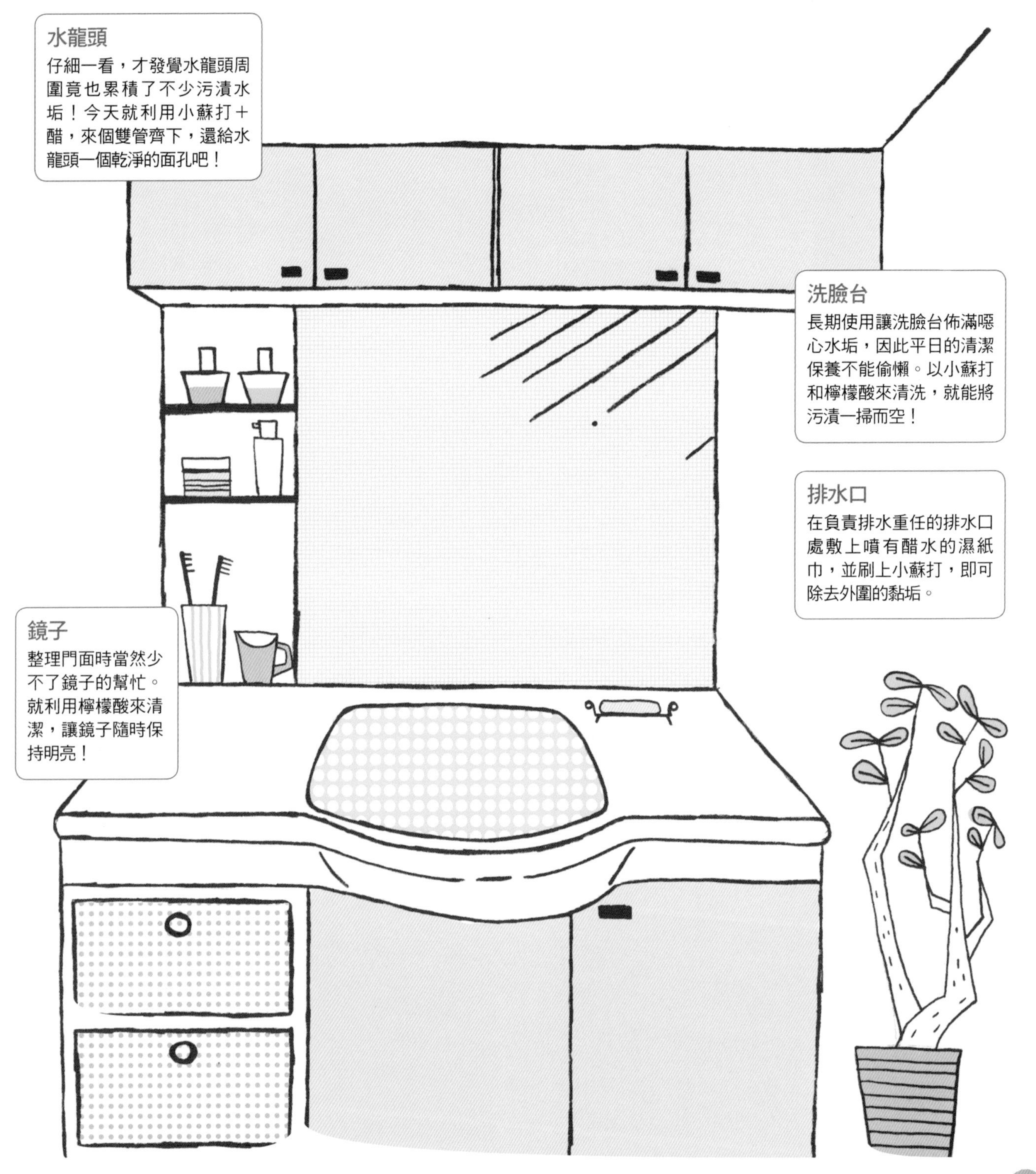

清洗水龍頭污漬

開關水龍頭周遭常在不知不覺中附著上水垢、髒污，但只要善用醋水的溶解作用，就可以將污漬完全掃離，再現光亮！

準備物品

醋適量、小蘇打粉適量
水適量、餐巾紙、噴瓶、牙刷

清理方法

1. 把醋加入水中，並攪拌均勻，製成醋水，再裝入噴瓶。
2. 水龍頭四周纏繞上餐巾紙，並噴上醋水（如上圖）。
3. 取下餐巾紙，灑上適量的小蘇打粉，以牙刷刷洗乾淨（如下圖）。
4. 以水沖淨。

去除排水口黏漬

沾附於排水孔周邊的噁心黏漬，就用吸滿醋水的餐巾紙面膜幫忙處理改善。

準備物品

醋適量、小蘇打粉適量
水適量、噴瓶、餐巾紙、牙刷

清理方法

1. 把醋加入水中，攪拌均勻，製成醋水，裝入噴瓶。
2. 將餐巾紙覆蓋於排水孔周圍，並噴上醋水，使頑漬溶化（如上圖）。
3. 取下餐巾紙，再灑上適量的小蘇打粉，以牙刷刷洗乾淨（如下圖）。
4. 以水沖去小蘇打粉即可。

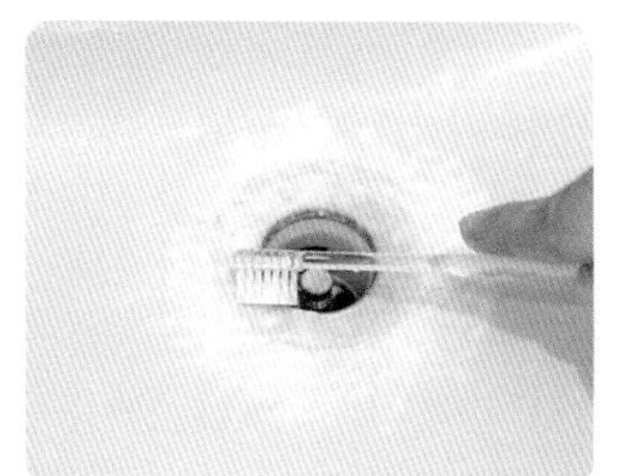

清除鏡面污漬

將鏡子上乾掉的水漬污痕，噴上檸檬酸水後再擦淨，便能重現昔日的光亮。

準備物品

檸檬酸粉2大匙、水500ml
噴瓶、抹布

清理方法

1. 把檸檬酸粉加入水中混拌均勻，製成檸檬酸水再裝入噴瓶。
2. 在鏡面噴上檸檬酸水（如上圖）。
3. 以抹布迅速擦去水滴（如下圖）。

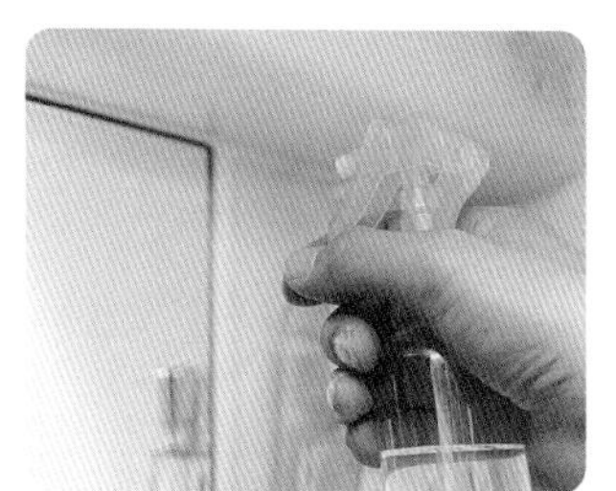
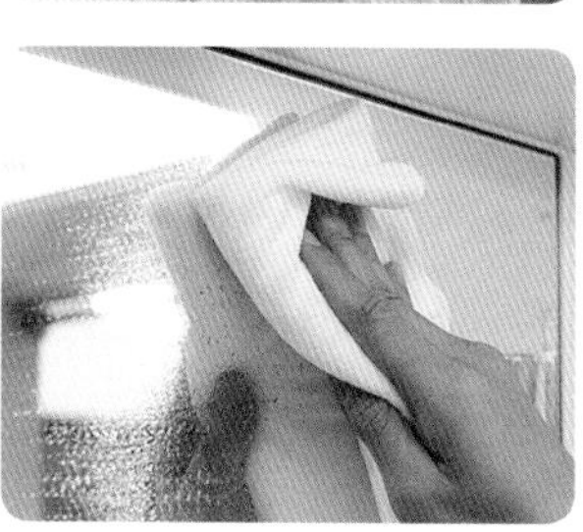

清洗洗臉台污垢

利用小蘇打粉的絕佳去污力，將臉盆內礙眼的水垢、黑點刷個片甲不留。

準備物品

小蘇打粉適量、水適量、海綿

清理方法

1. 將小蘇打粉均勻灑入洗臉台上（如上圖）。
2. 海綿以水沾濕、刷洗洗臉盆上的污漬（如下圖）。
3. 把刷下的污垢，連同小蘇打粉一起沖淨即可。

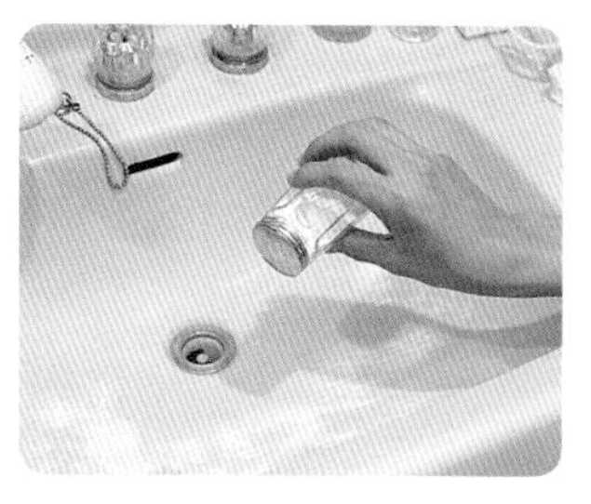
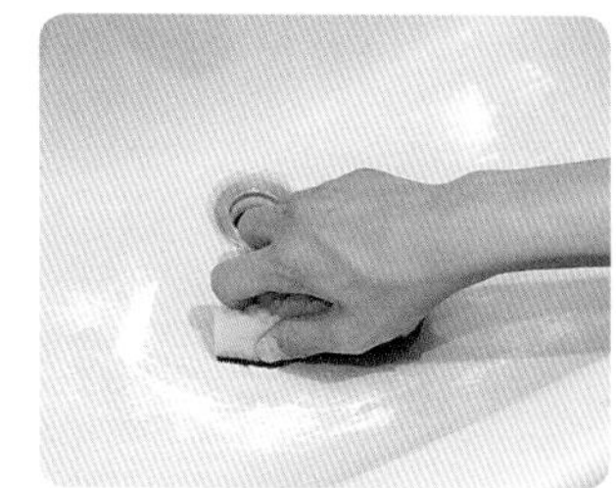

廁所

對付容易累積污垢、細菌的廁所，更要多花一點工夫，
以維持空間的衛生、整潔。
只要善加運用小蘇打、檸檬酸，
隨時都能擁有乾淨、舒適的廁所空間！
一起加入無毒清潔愛地球的行列吧！

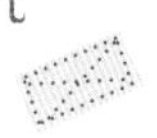

去除馬桶頑垢

利用具有強力去污效果的檸檬酸水，搭配上馬桶刷，就可以將馬桶上的頑強污垢一舉攻破！

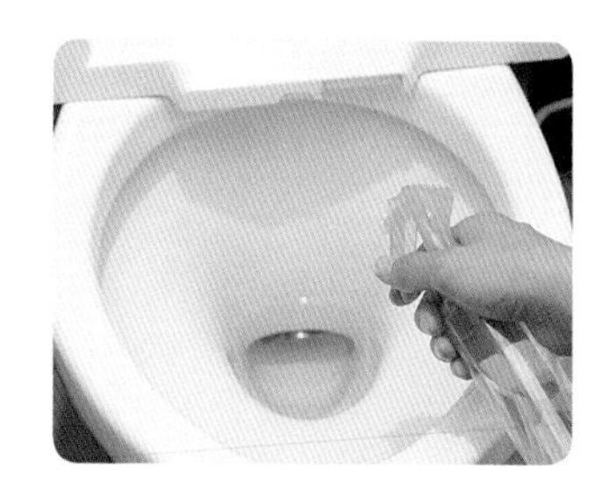

準備物品

檸檬酸粉末2大匙、水500ml
噴瓶、馬桶刷

清理方法

1. 把檸檬酸粉加入水中，攪拌均勻，製成檸檬酸水，裝入噴瓶。
2. 於馬桶內噴灑檸檬酸水，並靜置約一個小時（如上圖）。
3. 以馬桶刷來回刷洗污漬，最後按水，沖掉污垢（如下圖）。

清除馬桶座污垢

馬桶座上殘留的不潔污漬，只要噴上小蘇打水，就能擦拭乾淨！

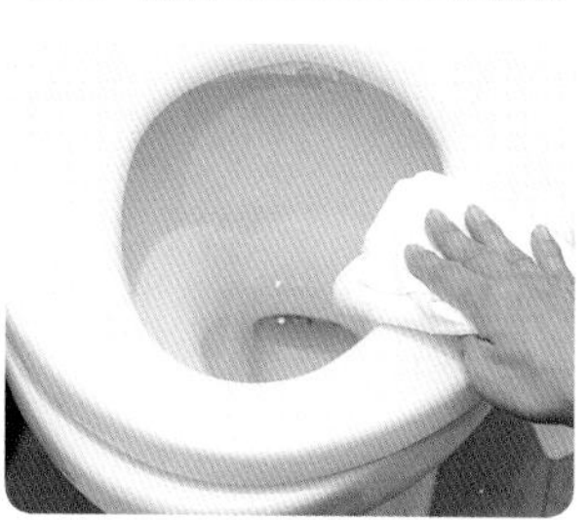

準備物品

小蘇打粉3大匙、水500ml
噴瓶、抹布

清理方法

1. 將小蘇打粉加入水中，攪拌均勻，製成小蘇打水，裝入噴瓶。
2. 在髒污處噴灑上小蘇打水（如上圖）。
3. 以抹布來回擦拭乾淨（如下圖）。

清洗馬桶水箱

如廁過後清洗雙手而噴濺留下的水垢污漬，就使用檸檬酸水來刷洗乾淨，保持水箱的潔淨。

準備物品

檸檬酸粉2大匙、水500ml
餐巾紙、噴瓶、小蘇打粉適量
牙刷

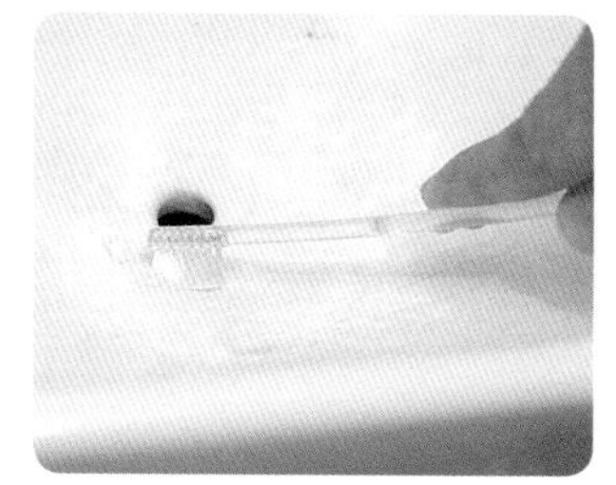

清理方法

1. 把檸檬酸粉加入水中，攪拌均勻，製成檸檬酸水，再裝入噴瓶。
2. 於排水孔處擺放紙巾，噴上檸檬酸水，靜置約一小時（如上圖）。
3. 取下紙巾，再灑上小蘇打粉。
4. 再以牙刷清除污漬並以水沖淨即可（如下圖）。

清除馬桶污垢

馬桶很容易在不知不覺中沾染上污垢，這時就讓小蘇打水和抹布來處理吧！

準備物品

小蘇打粉 2大匙、水500ml
噴瓶、抹布

清理方法

1. 將小蘇打粉加入水中，攪拌均勻，製成小蘇打水，再裝入噴瓶。
2. 於髒污處噴灑上小蘇打水（如上圖）。
3. 以抹布來回擦拭乾淨（如下圖）。

浴室

浴室空間可說是洗去一日髒污疲憊的療癒場所，
就利用「小蘇打＋檸檬酸」的超強組合，將浴室環境確實清潔乾淨吧！

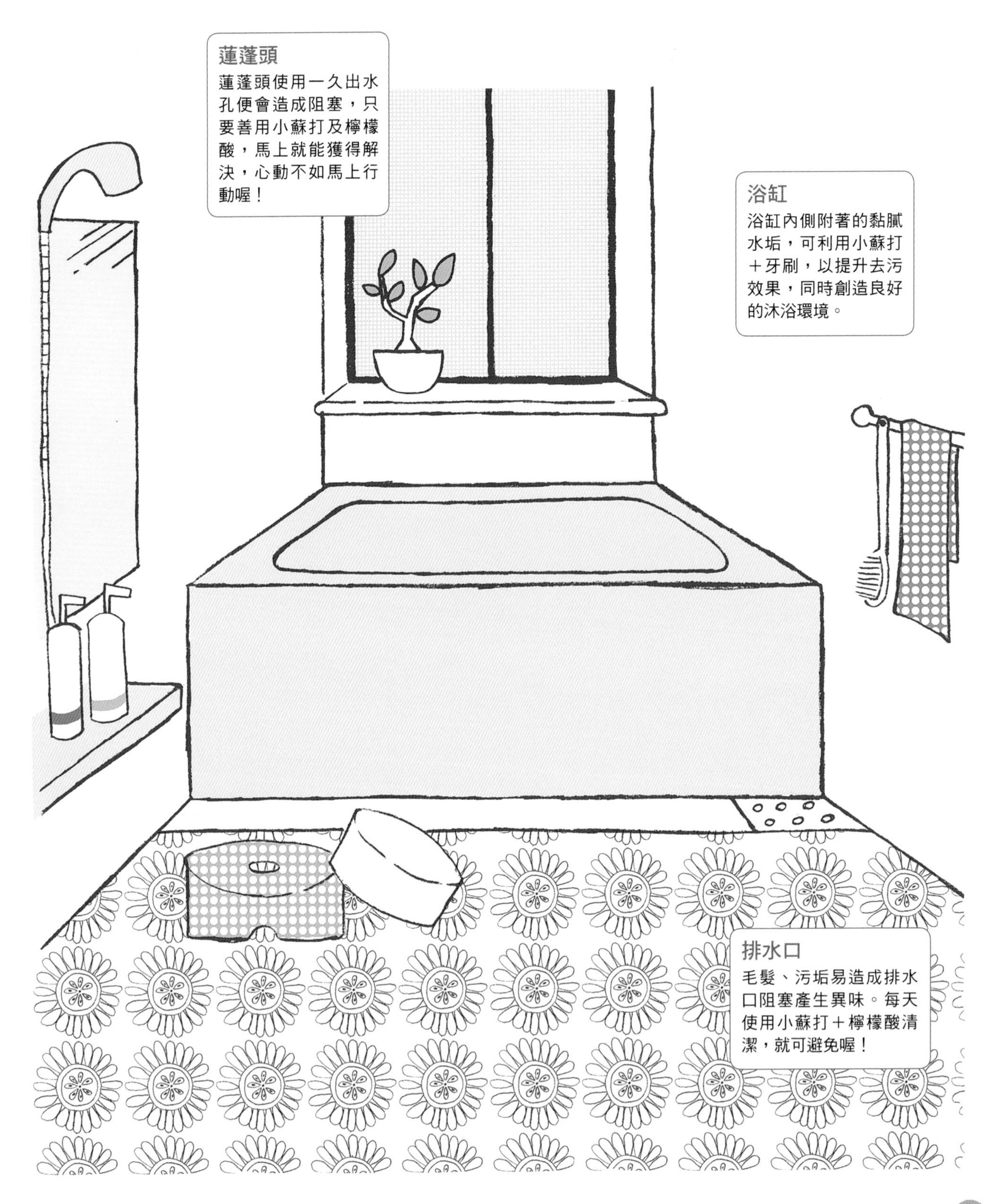

清洗蓮蓬頭

堆積在蓮蓬頭出水孔的污垢易導致水流受阻，只要浸泡在檸檬酸中，輕輕鬆鬆就可以改善喔！

準備物品

檸檬酸粉4大匙、小蘇打粉適量、溫水1L
水盆、海綿、水適量

清理方法

1. 把檸檬酸粉與溫水一起倒入盆中，製成檸檬酸水。
2. 將蓮蓬頭浸入盆內靜置約一小時（如上圖）。
3. 取下蓮蓬頭，以海綿沾取適量的小蘇打粉，直接刷洗，就可以清洗乾淨（如下圖）。
4. 以水沖淨即可。

清洗排水孔

排水孔一帶易沉積毛髮、雜屑等髒污，平時就可以使用小蘇打粉與檸檬酸固定清掃，以保通暢。

準備物品

小蘇打粉適量
檸檬酸粉2大匙、水500ml
噴瓶

清理方法

1. 將阻塞於排水孔處的髒污垃圾清除乾淨
2. 噴上檸檬酸水後，靜置約一個小時。
3. 在排水孔上灑小蘇打粉（如上圖）。
4. 噴上檸檬酸水，再以水沖洗乾淨（如下圖）。

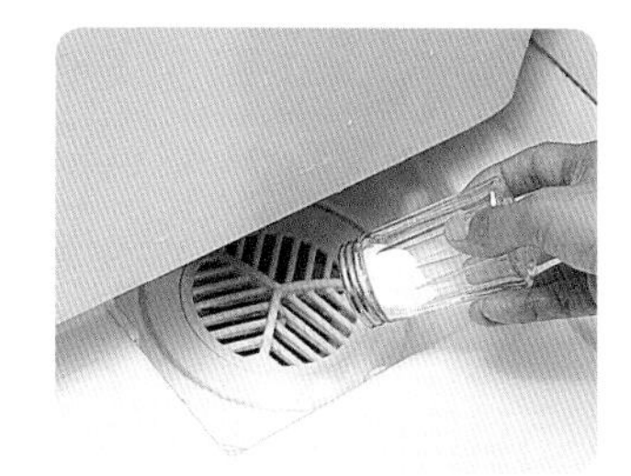

去除浴缸水漬・污垢

清洗浴缸凹槽的黏滑水垢時，可灑上小蘇打粉，再以海綿刷洗，就可以洗乾淨囉！

準備物品

小蘇打粉適量、水適量、海綿

清理方法

1. 將小蘇打粉均勻灑在污漬上（如上圖）。
2. 以沾濕的海綿刷洗污漬處（如上圖）。
3. 以水沖淨即可。

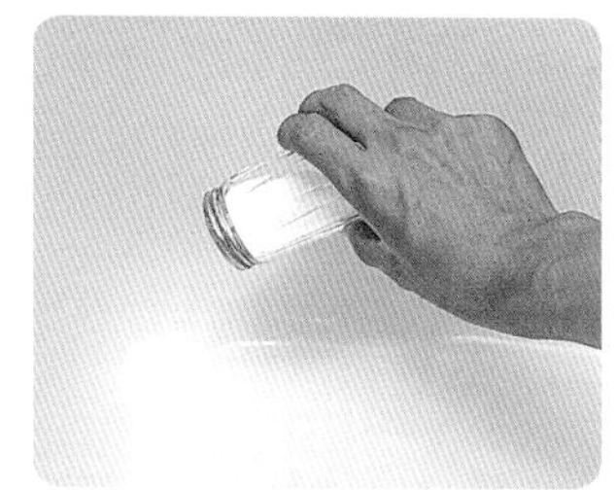

小撇步 特別難除的污漬就交給檸檬酸！

像黃斑、黑漬等不易清除的髒污，除使用小蘇打粉之外，還可再以檸檬酸來強化清潔效果。

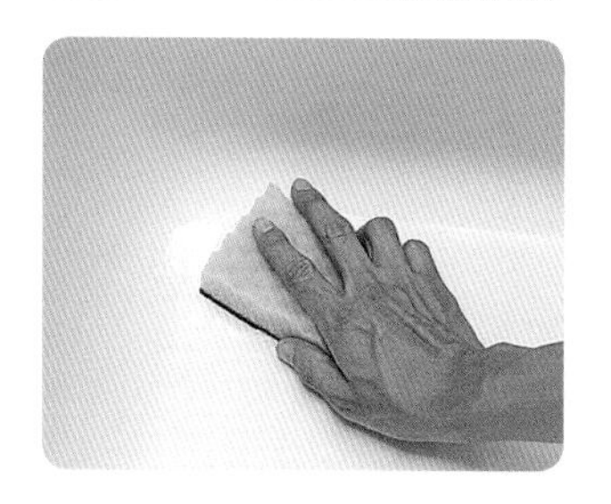

清潔塑膠矮凳

對付長處於潮濕環境的矮凳所形成的水垢污漬，建議你用海綿沾附小蘇打粉來刷洗，保證清潔溜溜！

準備物品

小蘇打粉適量、水適量、海綿

清理方法

1. 沾濕的海綿灑上適量小蘇打粉（如上圖）。
2. 以海綿搓洗沾附污漬處（如下圖）。
3. 以水沖淨。

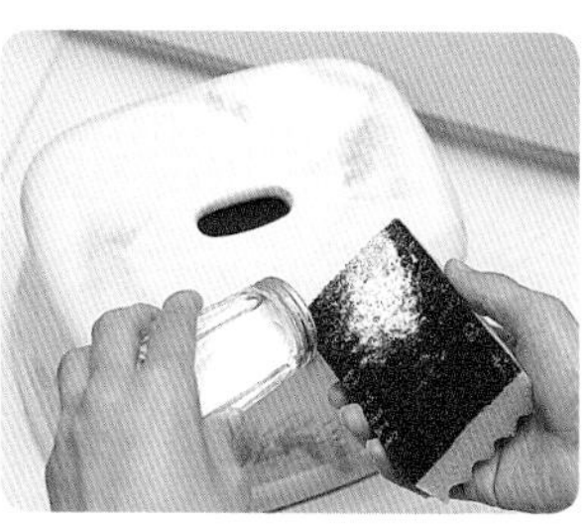

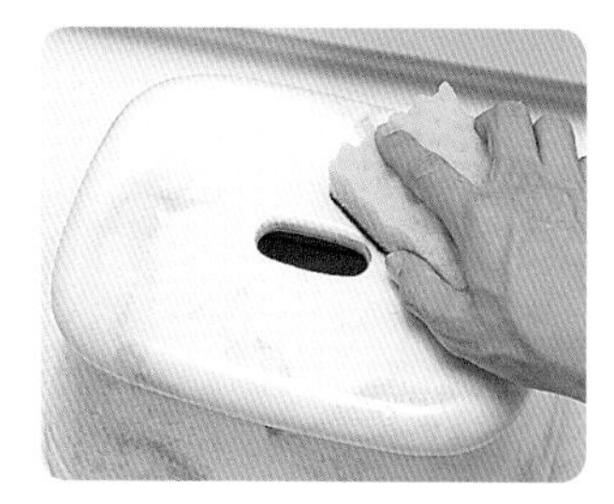

玄關

這是一處見證一日開始及結束的重要處所，更是家中的重要場所！
由於常接受來自外界大量的飛塵泥土，所以更應養成隨手清掃的習慣。
想要高興出門、開心返家嗎？
平常可用小蘇打粉打掃清理，就能建立一處整潔又乾淨的「開運玄關」！

清潔鞋櫃

鞋櫃易累積灰塵，無論內外都需時常清掃，再以沾有小蘇打水的濕海綿擦拭，就算清潔完成！

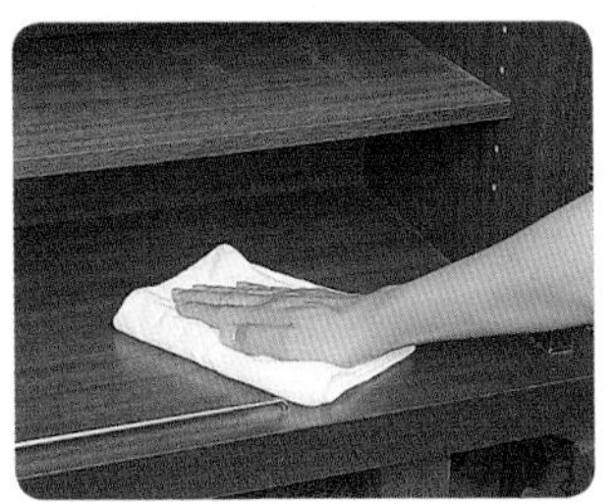

準備物品

小蘇打粉適量、水適量
清潔刷、抹布

清理方法

1. 先把鞋櫃內的鞋子取出，以清潔刷將內層髒污清除掃淨（如上圖）。
2. 在濕抹布上灑適量的小蘇打粉，擦拭整個鞋櫃（如下圖）。
3. 以乾布擦乾。

清潔玄關地板

處理時可先噴上小蘇打水，再用抹布擦拭乾淨就能恢復整潔。

準備物品

小蘇打粉 2大匙、水 500ml
噴瓶、抹布

清理方法

1. 將小蘇打粉加入水中，攪混拌均勻，製成小蘇打水，再裝入噴瓶。
2. 於髒污處噴上小蘇打水。
3. 以濕抹布擦拭污漬處（如圖）。

利用粉末的研磨效果亦佳！

小蘇打粉的顆粒具有研磨作用，與小蘇打水的去污效果不相上下，建議可多加利用。

清潔鞋把

鞋把上噴上小蘇打水，再以抹布擦乾，就完成簡單的殺菌動作。

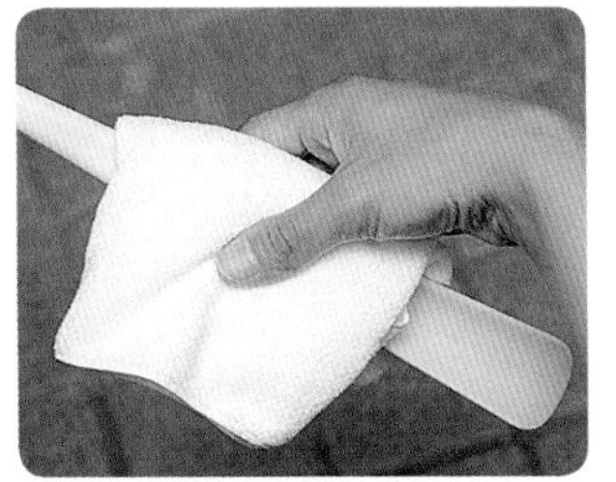

準備物品

小蘇打粉2大匙、水500ml
噴瓶、抹布

清理方法

1. 將小蘇打粉加入水中，攪拌均勻，製成小蘇打水，再裝入噴瓶內。
2. 鞋把表面噴上小蘇打水（如上圖）。
3. 以抹布擦乾即可（如下圖）。

清潔玄關的腳踏墊

只要平時固定以小蘇打做好清潔，便能時時保持乾淨的樣貌！

準備物品

小蘇打粉適量、吸塵器

清理方法

1. 於腳踏墊上灑適量的小蘇打粉，靜置約一小時（如上圖）。
2. 以吸塵器將粉末吸除（如下圖）。
3. 如果仍有殘留於墊上的粉末，可拿到屋外以拍打方式清潔乾淨。

洗滌衣物

小蘇打與醋具有超神奇效用，
除了可用於清掃居家環境，就連衣物清潔也能一手包辦喔！
從一般的襯衫、外套，到不便清洗的大型窗簾、毛毯等皆可安心使用。
再加上小蘇打具備的除臭效果，衣服上的異味也可一併去除。
從今天起，好好利用小蘇打與醋，清洗衣物就不再是件苦差事囉！

衣物污漬
沾附於衣領一帶的汗垢、皮脂髒污等總是無法順利清除，只要妙用小蘇打，再麻煩的頑垢也不會賴著不走囉！

大型窗簾
體積龐大的物品如大型窗簾、毛毯等，可以小蘇打粉來保持潔淨。

洗衣槽
如果洗衣槽本身就不夠乾淨，想必衣物洗再多次也徒勞無功。定期倒入小蘇打及醋清潔，才能確保洗好的衣物達到潔淨程度。

衣物異味
舉凡汗味、霉味、菸味等難聞的氣味，只要碰到小蘇打也只能乖乖投降！還可製成除臭袋，使用起就更方便囉！

清除皮革污漬

清除塑膠皮革、合成皮革上的汗垢後，將殘留其上的水分擦除、吸乾。

準備物品

小蘇打粉2大匙、水適量
抹布

清理方法

1. 在抹布上撒上適量的水及小蘇打粉，擦拭皮衣上的污漬（如上圖）。
2. 將水分確實拭乾，並拍掉殘留的小蘇打粉（如下圖）。

清潔襯衫・領口・袖口污漬

領口的汗漬污垢、袖口的頑強髒污均可使用小蘇打糊＋醋來清洗，可以達到去污效果。

準備物品

小蘇打糊適量、醋適量

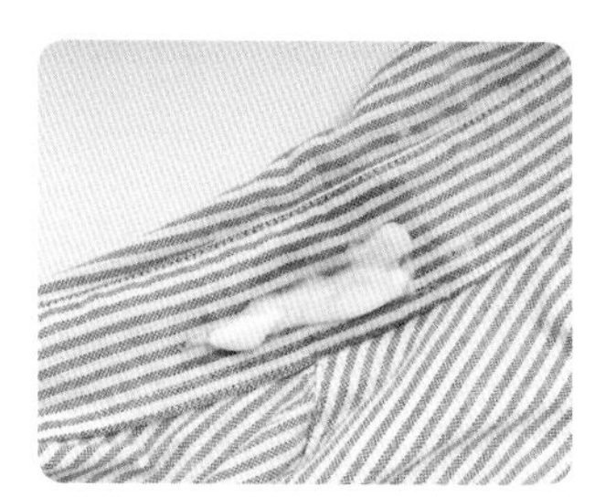

清理方法

1. 直接在領口、袖緣上污漬處塗抹小蘇打糊，輕輕刷洗後靜置片刻（如上圖）。
2. 將適量的醋倒在小蘇打糊中，使其產生泡沫，再把衣物丟入洗衣機內清洗，保證乾淨喔！（如下圖）

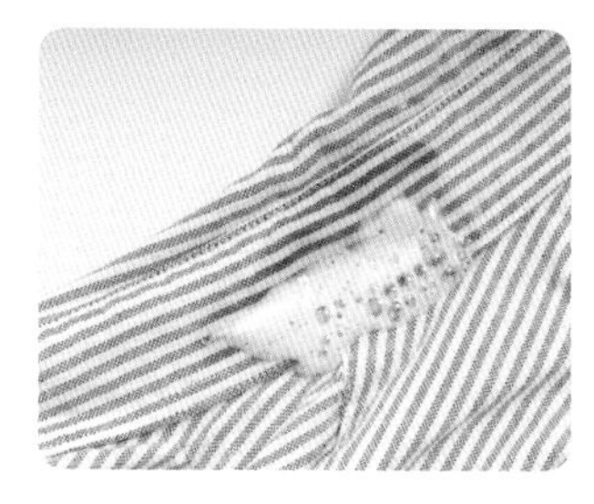

小撇步 領口、袖口範圍外的污漬處理

若要清洗襯衫領子、袖口以外的污漬，可先灑上適量的小蘇打粉，再於其上倒些醋。待水分乾燥後，再將襯衫丟入洗衣機內清洗。

清除合成纖維用品污漬

羽絨外套、餐桌防滑墊等合成纖維製品也可用小蘇打粉來清潔與保養。

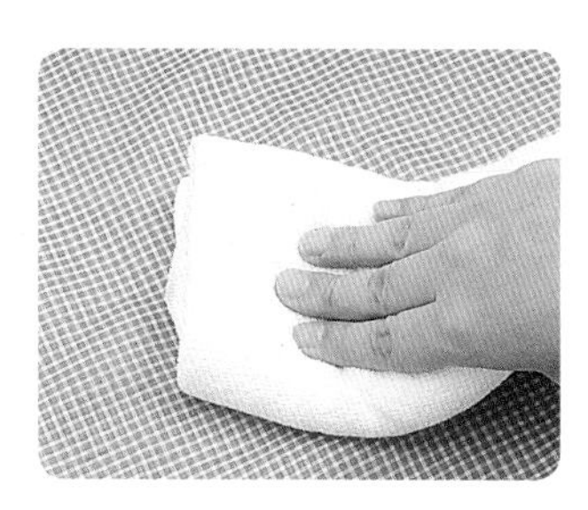

準備物品

小蘇打粉2小匙、抹布
清潔刷

清理方法

1. 將抹布沾濕，並撒上小蘇打粉，直接擦拭合成纖維製品（如上圖）。
2. 待乾燥後，再以刷除殘留的小蘇打粉（如下圖）。

清理麂皮污漬

不好清理的麂皮污漬，只要巧妙運用小蘇打糊與清潔刷，再難對付的頑垢也能去除得一乾二淨！

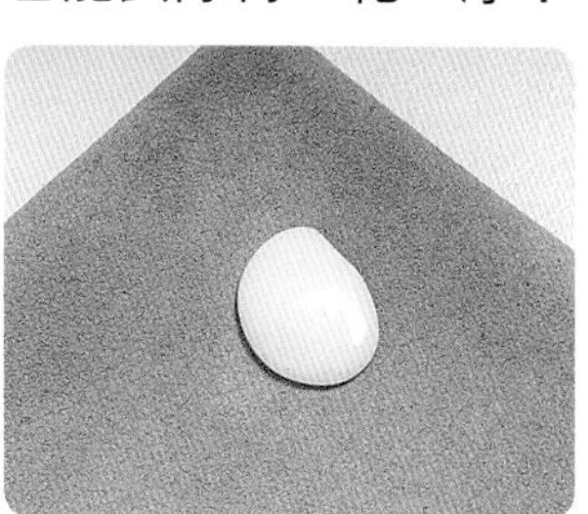

準備物品

小蘇打糊適量、清潔刷

清理方法

1. 將小蘇打糊塗抹於污漬上（如上圖）。
2. 待乾燥變硬，再以清潔刷輕輕刷除乾掉的小蘇打糊（如下圖）。

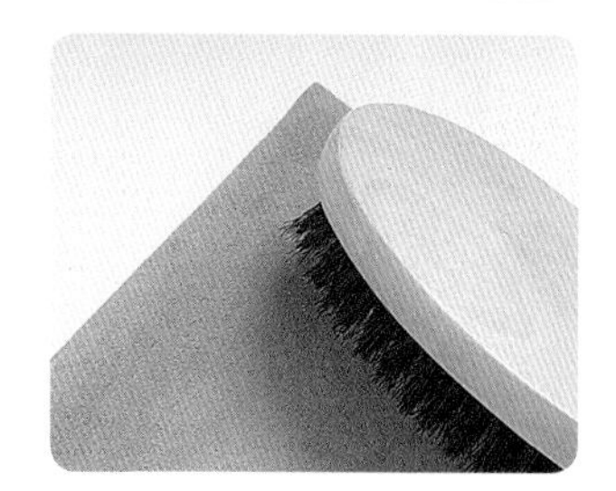

COLUMN
去除殘留洗劑污漬

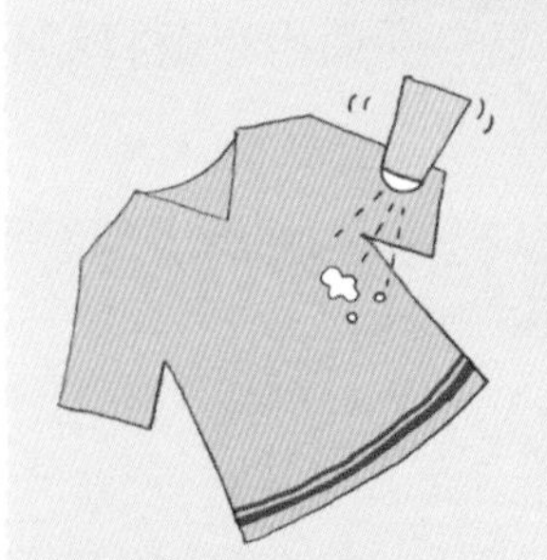

以洗衣粉清洗衣物時，偶爾會殘留洗劑污漬，若是附著於衣物，就很難洗掉囉！但是，只要以小蘇打再次清潔，便能把惱人污漬完全除去喔！

以天然小蘇打代替化學柔軟精

小蘇打兼具軟水效用，可用來代替柔軟精。洗後衣物觸感柔舒，還能除臭喔！

去除大型窗簾污漬

若是窗簾布體積較大，而無法放入洗衣機內清洗時，就用小蘇打糊採重點式清潔囉！

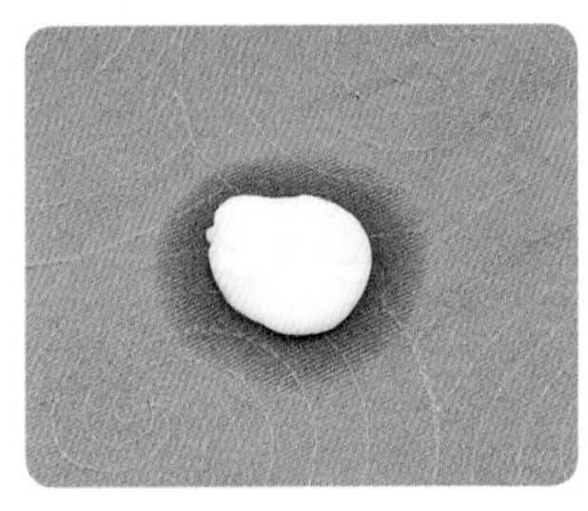

準備物品

小蘇打糊適量、牙刷

清理方法

1. 將小蘇打粉加水拌勻，作成小蘇打糊，塗抹於窗簾髒污處上（如上圖）。
2. 待小蘇打糊乾燥硬化後，再以牙刷把小蘇打糊刷除（如下圖）。

清潔羊毛製品污漬

由於羊毛類製品洗後易縮水，建議可浸入小蘇打水中、輕力按壓，就可以輕鬆洗掉污漬。

準備物品

小蘇打粉1杯、水2L、水盆

清理方法

1. 在水盆內倒入小蘇打粉及水，攪拌均勻，製成小蘇打水。（如上圖）
2. 將羊毛製品放入盆中，以輕柔按壓方式洗去污漬（如下圖）。

※若使用搓揉方式清洗，很容易傷害羊毛纖維。請務必以按壓手法慢慢地清洗乾淨。

去除窗簾布污垢

若要清洗材質輕軟、可用洗衣機清洗的窗簾，就把小蘇打和清潔劑一同倒入洗衣機中，開啟清洗鍵即可。

準備物品

小蘇打粉1杯
清潔劑（平常用量的一半）

清理方法

將窗簾放入洗衣機內，倒入小蘇打粉與清潔劑，啟動開關進行清洗即可（如圖）。

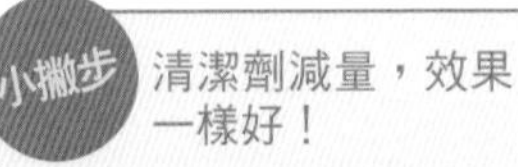

清潔劑減量，效果一樣好！

因為放入小蘇打的關係，所以清潔劑或柔軟精的用量也可隨之減半。就經濟面而言，相當划算喔！

清除化妝品污垢

對付沾染於衣物上的化妝品漬痕，就利用小蘇打糊來中和污垢，待溶解後便可順利除淨。

準備物品

小蘇打糊適量

清理方法

1. 將小蘇打糊塗抹於髒污之處，並靜置一段時間（如圖）。
2. 放入洗衣機內清洗。

去除陳年污垢・黃斑

打擊陳年污漬、黃斑，就派小蘇打粉上場囉！只要多搓洗幾遍，就可讓心愛衣物回復有如新品般淨白喔！

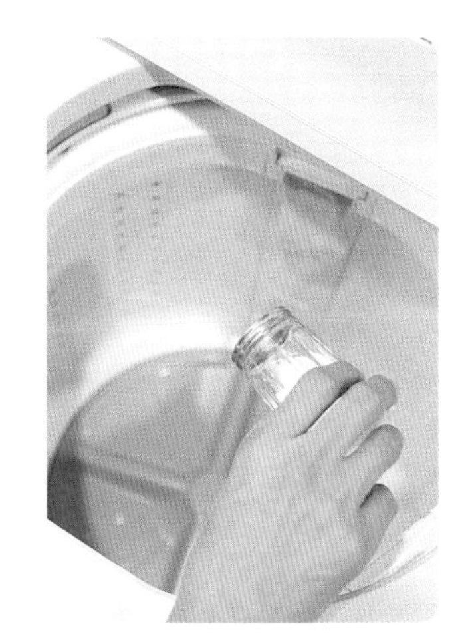

準備物品

小蘇打粉適量

清潔劑（平常用量的一半）

清理方法

1. 將小蘇打粉倒入洗衣機內（如圖）。
2. 將殘留有污漬黃斑等待洗衣物放入槽內，再倒入平日用量一半的洗潔精，啟動開關進行清洗。（雖無法恢復至原本的潔淨程度，但因加入小蘇打粉，洗後衣物看起來會比之前亮白許多。）

小撇步

善用檸檬酸，使衣物常保如新！

關鍵就在於當完成清洗動作後，必須趁最後脫水時加入1小匙的檸檬酸粉。如此一來，便能有效阻擋因皮脂皂垢殘留所形成的黃斑污漬！

清除油漬

衣服不小心沾到油漬時，就立即使用小蘇打和醋來搶救清理，不讓污漬有機可趁！

準備物品

小蘇打粉適量、醋適量

餐巾紙2張

清理方法

1. 將餐巾紙墊在污漬處的背面，於污漬上灑下適量小蘇打粉（如上圖）。
2. 倒入適量的醋。（如中圖）
3. 再以另一張餐巾紙輕輕拍壓污漬部分（如下圖）。

清除咖啡污漬

一沾上就很難去除的咖啡污漬，也可利用小蘇打清除，除污效果超級棒，迅速找回乾淨面貌喔！

準備物品

小蘇打粉適量、熱水適量

調理缽

清理方法

1. 把沾有污漬的布面覆蓋於調理缽上，灑上大量的小蘇打粉（如上圖）。
2. 熱水以畫圓方式澆淋在污漬處上，維持此狀並靜置一段時間（如下圖）。
3. 待污漬褪去，放入洗衣機內清洗。

COLUMN

如何製作除臭袋

只要利用零碼布將小蘇打粉包起，便成了簡單小巧的天然除臭包。可以幫助你輕鬆消除討厭的煙味、臭霉味！

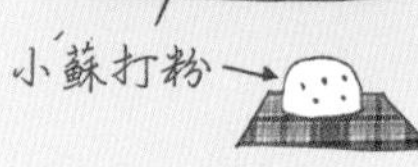

準備物品

布料（直徑約15cm）
小蘇打粉2/3杯
繩子（緞帶或橡皮筋均可）

清理方法

1. 將小蘇打粉放置在布塊中央，抓起四邊布角後包起來（如上圖）。
2. 以繩子綁緊後即完成（如下圖）。

使用期限為二至三個月

除臭袋的效果約可維持二至三個月。一旦失去除臭功效後，則可拿來做為清潔之用，再次回收利用。

更換下的衣物異味

丟在洗衣籃內的待洗衣物因留有汗垢灰塵，可先用除臭袋幫忙去去味。

準備物品

布料（直徑約15cm）
小蘇打粉 2/3杯
繩子（緞帶或橡皮筋均可）

清理方法

1. 將小蘇打粉包入布塊內，製成除臭袋。
2. 把除臭袋放入洗衣籃內（如圖）。

棉被的霉臭味

因平時多收在壁櫥裡面，棉被會漸漸散發出一股濕氣霉味。這時快請小蘇打幫忙，讓異味盡早散去吧！

準備物品

小蘇打粉適量、吸塵器

清理方法

1. 將小蘇打粉均勻的灑在棉被上，靜置約兩小時（如圖）。
2. 以吸塵器吸淨小蘇打粉，陰乾即可。

衣物的菸臭味

吸附於衣物上的菸草味總是久久不散，很讓人苦惱吧！其實，只要利用小蘇打水，就可徹底擺脫異味纏身喔！試試看，你就會感受到奇妙之處！

準備物品

小蘇打粉5大匙、溫水1L
水盆

清理方法

1. 於水盆內倒入溫水並加入小蘇打粉，攪拌均勻，製成小蘇打水（如下圖）。
2. 將衣物浸泡於盆內（如下圖）。
3. 取出衣物，放入洗衣機內清洗。

去除熨斗焦痕污漬

沾附在熨斗上的黏劑污漬可於使用完畢散熱後，以小蘇打糊搓磨拭淨。

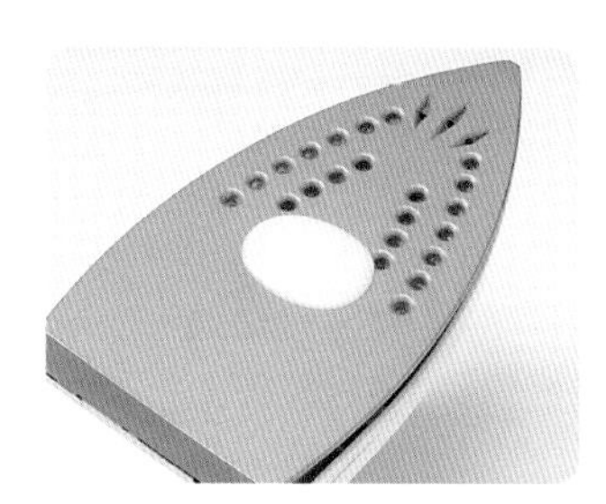

準備物品

小蘇打糊適量、抹布

清理方法

1. 將小蘇打糊塗抹於熨斗上的髒污處（如上圖）。
2. 以抹布擦去上頭的漬痕（如下圖）。

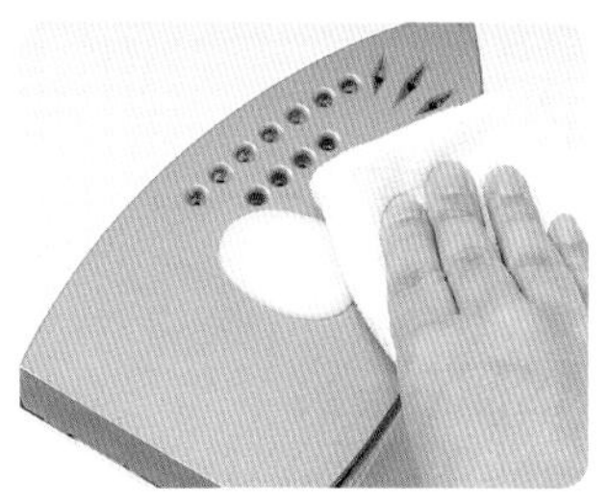

COLUMN
運動服裝上的異味，靠一袋搞定！

把運動後吸有大量汗水的運動服&鞋收入包包後，易導致包中氣味不佳，但只要利用除臭袋便，能輕鬆趕走異味，試試看喔！

準備物品

除臭袋（作法請見P.58）

清理方法

1. 晚上就寢前將除臭袋放入包包中。
2. 欲使用包包前，再把除臭袋取出。

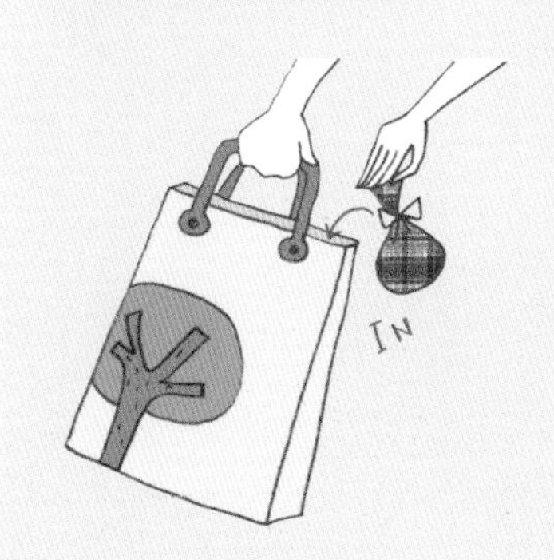

※可事先準備幾個除臭袋，方便隨時使用。

清潔洗衣機

若洗衣機內污漬未清除乾淨，衣物也只會越洗越髒。平常就要按時清潔，衣服才不會白洗！

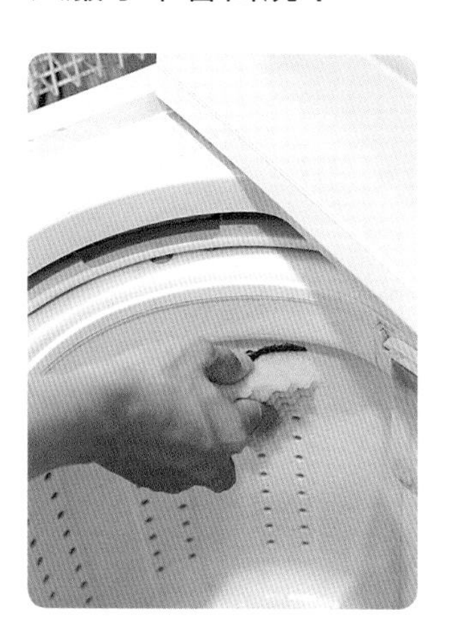

準備物品

小蘇打糊適量、海綿

清理方法

1. 海綿沾上小蘇打糊，刷除洗衣機上的污漬（如圖）。
2. 以水輕輕沖去污漬，最後流掉污水即可。

預防洗衣機霉斑

隱藏在洗衣槽內的霉斑細菌正是造成異味、污漬產生的最大原兇。快灑入小蘇打粉，以抵抗霉菌的侵入。

準備物品

小蘇打粉適量

清理方法

1. 將小蘇打粉均勻灑入洗衣槽內各處，直到下次使用前皆保持不動（如圖）。
2. 要使用時將衣服直接放入清洗即可。

洗衣槽裡的霉斑交給醋水清光光！

將洗衣機內裝滿熱水或常溫水，並倒入二至三杯的醋，靜置一小時後以弱水空轉清洗一遍，即可清除洗衣槽餒的可怕霉斑。此外，若按此法每月固定清潔一次，便能有效防止霉菌生長，愛乾淨的你一定要試試！

去除銀飾污漬

充滿珍貴回憶的貼身銀飾，可利用小蘇打的去污效果恢復乾淨面貌。

準備物品

小蘇打粉適量、液態皂適量

清理方法

1. 把小蘇打粉和液態皂攪拌均勻，製成糊狀清潔液，用來擦拭銀飾上的污漬（如上圖）。
2. 再以乾布擦拭乾淨即可（如下圖）。

去除銀飾氧化黑漬

銀製品或水晶製品上的霧漬髒污，只要利用小蘇打便能重現亮彩光澤。

準備物品

小蘇打粉適量、水適量

清理方法

1. 於桶內加入小蘇打及水並拌勻，再將銀飾浸入約5至10分鐘（如上圖）。
2. 以牙刷輕輕地刷除表面霧漬，再以水沖淨即可（如下圖）。

去除蠟筆漬痕

蠟筆當中的油脂成分，可經由小蘇打的中和作用去除乾淨。

準備物品

小蘇打粉適量、抹布

清理方法

1. 在濕抹布上沾適量的小蘇打粉，直接擦拭污漬部分（如圖）。
2. 放入洗衣機內清洗。

清除玩偶灰塵污垢

小孩們愛不釋手的絨毛玩偶往往最易吸附灰塵髒污。灑上小蘇打粉仔細清理乾淨，便可放心把玩囉！

準備物品

小蘇打粉1大匙、塑膠袋

清理方法

1. 將玩偶放入塑膠袋中（如上圖）。
2. 灑入小蘇打粉（如中圖）。
3. 抓緊袋口，並上下搖晃多次。再從袋中取出，以吸塵器吸除玩偶上頭的小蘇打粉即可（如下圖）。

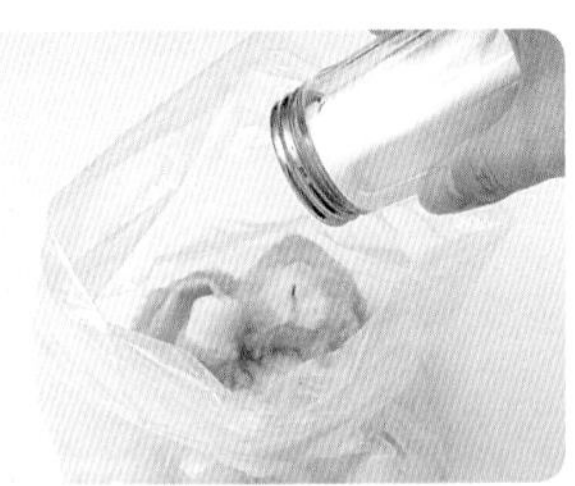

日常保養
為美麗加分！

小蘇打、醋和檸檬水可以在肌膚、身體和頭髮等女性每天不可少的美容保養上發揮一臂之力。
而不會對身體造成負擔的減肥功效，則是小蘇打的另一項魅力。
只要靈活運用，就可以創造出健康又美麗的生活。

護膚&減肥

身體保養
泡個小蘇打浴吧！可以消除壓力與疲勞，讓你全身舒暢，活力再現！

臉部保養
利用小蘇打粉來卸妝、清除毛孔污垢，可以讓肌膚變得更加細緻喔！

頭髮保養
受損、發黏或散發異味等惱人的頭髮問題，都可用小蘇打來解決，找回健康又美麗的髮絲。

口腔保養
使用小蘇打粉做成的牙膏和漱口水，可常保口腔潔淨，讓你擁有一口美美的白牙，而且常保清新口氣。

口腔・牙齒

預防蛀牙的牙線

在牙線撒上小蘇打粉，可提升研磨作用，讓齒縫變得更潔淨。

準備物品
小蘇打粉（可食用）適量
水適量
牙籤

清理方法
1. 在牙線的牙線部分撒上小蘇打粉。
2. 剔牙。
3. 以水漱口。

以牙膏美白牙齒

以具研磨作用的小蘇打粉做成的牙粉，可中和口中的酸性，還能消除口臭。

準備物品
小蘇打粉（可食用）1小匙
熱水適量、牙刷

清理方法
1. 牙刷沾水，沾濕後再沾上小蘇打粉。
2. 刷牙。
3. 以水漱口。

保養牙刷

刷牙用的牙刷也要常清潔喔！只要沾上小蘇打水，就會變得又白又乾淨。

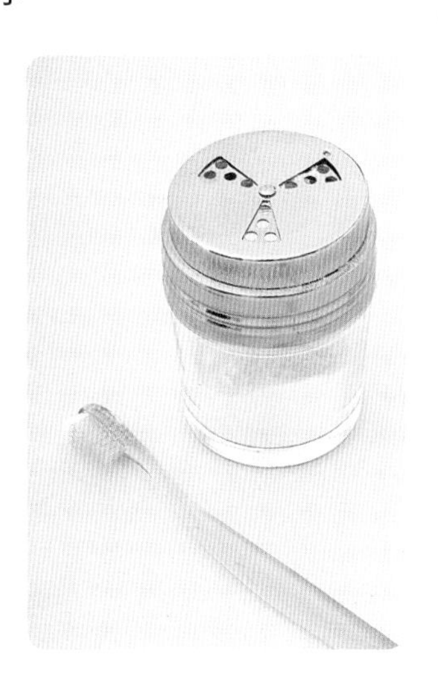

準備物品
小蘇打粉（食用）2大匙
溫開水500ml

保養方法
1. 小蘇打粉放入溫水中溶解。
2. 將使用中的牙刷沾上小蘇打水，沾濕後放置一旁。
3. 再以清水沖洗，晾乾後即可使用。

緩解口內炎

可用小蘇打水來治療痊癒速度超慢的口內炎，不僅能緩解疼痛，還能預防口臭。

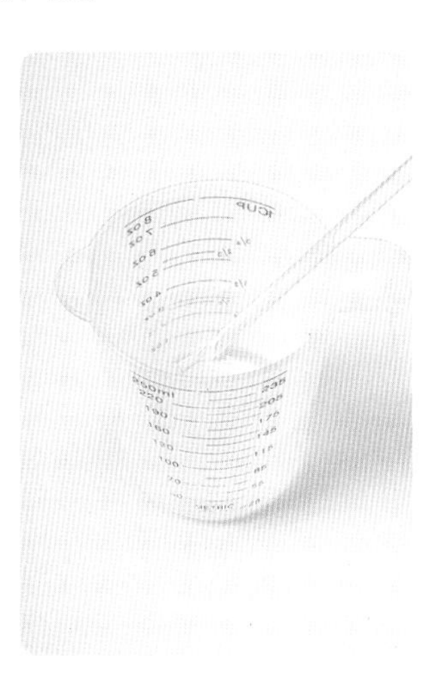

準備物品
小蘇打水（食用）1小匙
開水1/2杯（茶杯或玻璃杯）

照料方法
1. 將開水倒入杯中，溶解小蘇打粉。
2. 以自製的小蘇打水來漱口。

COLUMN

如何製作牙粉

將3大匙的小蘇打粉、1大匙的甘油、1大匙的鹽、2至3滴喜愛的精油、1至2滴的水加以攪拌均勻，手工牙粉即大功告成。

提升漱口水的效果

在市售的漱口水內添加1小匙小蘇打粉（可食用），可增加漱口後口腔的清爽感。

保養矯正器&假牙

可以小蘇打粉來清潔需要常保潔淨的矯正器和假牙，效果真不錯喲！

準備物品
小蘇打粉適量、水適量
牙刷

保養方法
1. 牙刷沾水，沾濕後再沾上小蘇打粉。
2. 仔細刷洗矯正器和假牙的每一個細縫。
3. 以水沖洗乾淨。

自製簡單的清潔液

在杯中倒入兩大匙的小蘇打粉（食用）和500ml的水，充分拌勻後即成簡單的清潔液。
睡前將矯正器和假牙放入杯中浸泡，隔天早上就變乾淨了。

卸妝

使用小蘇打糊輕輕柔柔地清洗肌膚，可將臉上的妝卸得乾乾淨淨！

準備物品

小蘇打粉（可食用）2小匙
甘油1小匙、密封容器

保養方法

1. 小蘇打粉和甘油混合，調成小蘇打糊（如圖）。
2. 取少量的小蘇打糊放在手上搓出泡泡，在臉上輕輕地按摩、清洗。

※小蘇打糊應保存於密封的容器中，而且要儘早使用，所以一次不要做過量了喔！

洗除毛孔污垢

毛孔很容易堆積污垢，尤其是鼻子附近，可以小蘇打粉來清除喔！

準備物品

小蘇打粉（可食用）2大匙
橄欖油1小匙

保養方法

1. 小蘇打粉和橄欖油混合，調成小蘇打糊（如圖）。
2. 將小蘇打糊塗抹於毛孔髒污處。
3. 以清水沖掉小蘇打糊。

小撇步

現做的臉部清潔用品！

在常用的洗臉品中加入適量的小蘇打粉（食用），可提升研磨作用，輕輕鬆鬆就做成輕潔臉部的一級棒用品！

曬傷護理

日曬後泛紅、刺痛的肌膚，請盡早使用小蘇打水來保養。

準備物品

小蘇打粉（可食用）2大匙
溫水500ml、噴瓶

護理方法

1. 小蘇打粉放入溫水中溶解，調成小蘇打水。
2. 將小蘇打水裝入噴瓶中，噴在曬傷部位，讓水分滲入肌膚。

COLUMN 全身曬傷

浸泡在溶入兩杯小蘇打粉的溫水浴中，可暫時緩和肌膚的刺痛感。但如果是嚴重曬傷，則應塗抹可抑制發炎的藥膏，確實做好肌膚護理。

去除體味

如果介意腋下、大腿和膝蓋內側等因為流汗而產生的異味，建議你試試小蘇打粉，除臭效果一級棒呢！

準備物品

小蘇打粉（可食用）適量
棉花（市售）

保養方法

1. 將小蘇打粉撒在棉花上（如圖）。
2. 以棉花擦拭在意的部位。

預防肌膚乾燥

在浴缸中加入小蘇打粉和天然油脂，可提高保濕效果，最適合乾燥肌膚使用。

準備物品

小蘇打粉（可食用）1杯
天然油（依個人喜好）1小匙

保養方法

1. 將小蘇打粉和天然油脂倒入浴缸中（如圖）。
2. 和熱水充分混合。

小撇步　使用小蘇打用前的局部皮膚測試

小蘇打粉雖然成分天然又安全，但如果肌膚敏感者用來洗臉，仍可能會出現發炎或起疹子等現象。所以，建議在第一次使用前，可將少許的小蘇打粉塗抹於手腕內側，放置一天後做觀察。若出現發炎、紅腫，就不宜使用喔！

除毛後的保養

對肌膚溫和的小蘇打糊，可防止刮鬍刀除毛留下的粗澀感。

準備物品

小蘇打粉（可食用）4小匙
甘油2小匙、空的容器
刮鬍刀、毛巾

保養方法

1. 將小蘇打粉和甘油放入空的容器中混合，調成小蘇打糊。
2. 先將小蘇打糊塗在欲除毛的部位後，再以刮鬍刀刮除（如圖）。
3. 刮完後以毛巾擦拭乾淨。

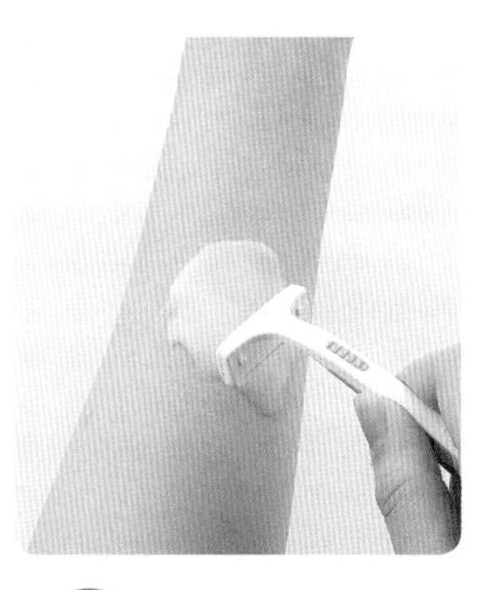

使刮鬍刀更好用！

在爽身粉中加入小蘇打粉（可食用），攪拌均勻後輕灑於鬍子上，就能輕鬆以電動刮鬍刀除毛。

小蘇打浴放鬆身心

浸泡在加了小蘇打浴粉的浴缸中，可清除皮脂的污垢及體臭，洗後乾淨又舒爽！

準備物品

小蘇打粉（可食用）1杯

保養方法

1. 將小蘇打粉倒入熱水中（如圖）。
2. 充分拌勻後就如平常一樣泡澡。

小蘇打浴一級棒！

讓肥皂和身體乳充分起泡後，在泡泡上加入適量的小蘇打粉（食用），可提升研磨作用，增加洗後的清爽感。

消除美髮用品的味道

要去除噴膠等美髮用品殘留的污垢，可在洗髮精內加點小蘇打粉和醋，洗後會備覺清爽喔！

準備物品

小蘇打粉1小匙
洗髮精和潤髮乳適量
醋1大匙

保養方法

1. 將小蘇打粉和洗髮精調成糊狀。
2. 以小蘇打糊洗頭，再以清水沖洗。
3. 充分混合醋和潤髮乳。
4. 按摩頭髮，再以清水沖掉。
5. 擦乾頭髮。

保養被氯氣損傷的頭髮

頭髮因為游泳池內的氯氣而遭受損傷時，可及早用小蘇打和檸檬酸來加以保養。

準備物品

小蘇打粉（可食用）適量
檸檬酸2.5小匙、水500ml
水盆

保養方法

1. 在水盆倒入檸檬酸粉和水，充分混合，做成檸檬酸水（如圖）。
2. 以檸檬酸水將頭髮打濕，一邊倒入小蘇打粉來洗頭。
3. 以水洗淨頭髮後，確實弄乾即可。
※肌膚敏感者請勿使用。

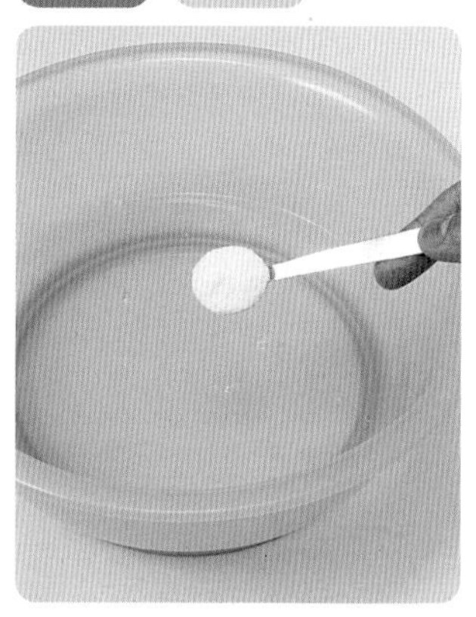

去除頭髮異味

當頭髮沾附香菸等討人厭的味道時，可用小蘇打水來除臭喔！

準備物品

小蘇打粉2大匙、水2.5杯
噴瓶、梳子

保養方法

1. 混合小蘇打粉與水，調成小蘇打水。
2. 將小蘇打水裝入噴瓶中，噴灑全頭。
3. 以梳子仔細梳頭。

小撇步　梳子的保養

洗臉槽內裝滿熱水，倒入2/3杯的小蘇打粉（可食用），攪拌均勻。梳子浸泡水中，待污垢浮出後，以牙刷刷洗後，會立刻變得清潔溜溜呢！

保持頭皮健康

頭髮黏有頭皮屑時，可用小蘇打粉來按摩頭皮，以保持頭皮的健康與潔淨。

準備物品

小蘇打粉（可食用）適量
熱水適量、吹風機

保養方法

1. 打濕頭髮。
2. 小蘇打粉倒在手掌中。
3. 按摩頭皮，彷彿要將小蘇打粉滲入頭皮般。
4. 以熱水沖乾淨後，吹風機設定在低溫，吹乾頭髮。

只喝小蘇打檸檬水就可減肥喔！
小蘇打會給身體帶來奇妙的變化！
在家就可簡單做到，你一定要試試看！

小蘇打檸檬水減肥的3大功效

效果1

預防過度飲食

小蘇打檸檬水有預防過度飲食的效果，因為它會讓胃中產生二氧化碳而鼓起，產生飽足感，而且幾乎不含熱量，所以如果可以在每次用餐時飲用，就可以減少食物的攝取量及熱量，是個不會對身體造成負擔且可持久力行的減肥方法！

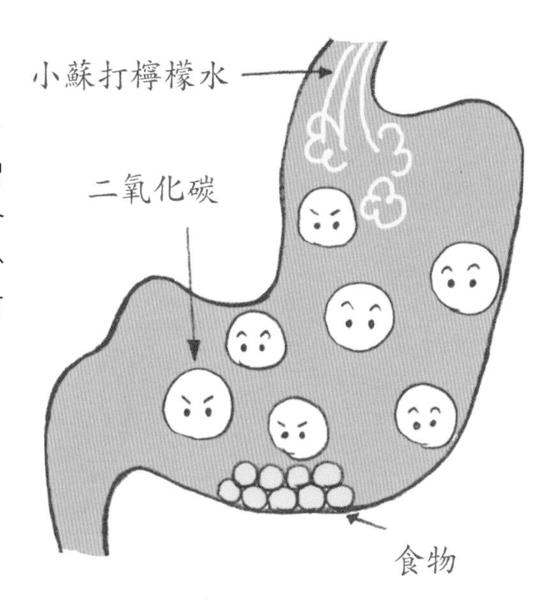

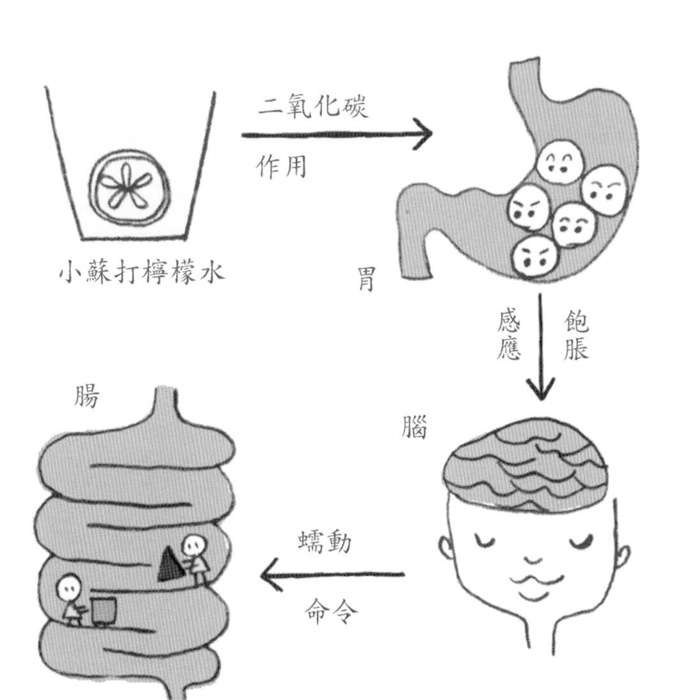

效果2

活化腸子功能

胃部因為小蘇打檸檬水的發泡作用而鼓脹，使得大腦誤認是食物進到胃裡而對腸子發出蠕動的指令。腸子接收指令後即開始活絡運作，就能達到解除便祕的效果。

效果3

消耗熱量和提升脂肪代謝！

小蘇打粉和檸檬產生的二氧化碳，可使脂肪和糖與水溶性食物纖維結合排出體外，進而抑制脂肪和糖的吸收。持續食用小蘇打檸檬水，可藉由鈉來補充因汗水而流失掉的體內鹽分，促進代謝作用。

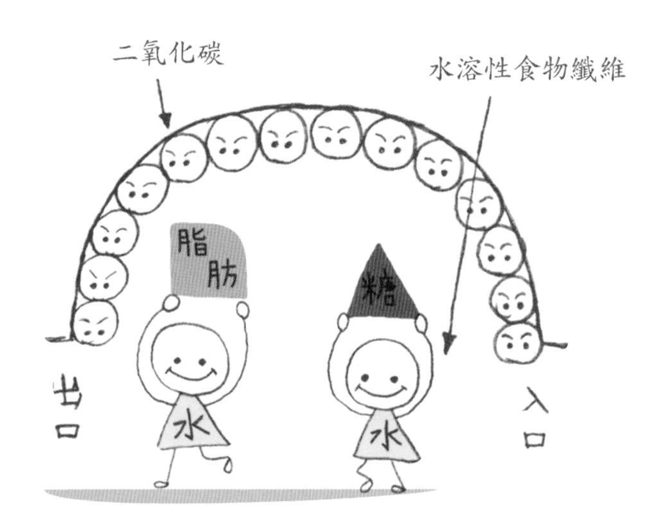

製作小蘇打檸檬水

準備物品
小蘇打粉（可食用）1g
冷開水250ml、檸檬1/3顆
水果刀、玻璃杯

在開水中加入小蘇打粉和檸檬汁，攪拌後即完成適合減肥的小蘇打檸檬水。

4 充分攪拌，直到小蘇打粉完全溶解。

3 將切成1/3大小的檸檬片擠汁。

2 倒入可食用的小蘇打粉。

1 在玻璃杯中注入250ml的冰開水。

小蘇打粉一天的用量請控制在5g以下，因為它的鹽分含量很高，千萬不要過度食用。

用檸檬酸來代替檸檬

可用檸檬酸來代替檸檬，檸檬酸粉的用量是4g。注意喔，一天的攝取量請控制在15g以下。

如何飲用小蘇打檸檬水

小蘇打檸檬水如果飲用方式錯誤，會產生反效果喔！
請一定要小心，正確的飲用才能健康的減肥。

請在用餐中飲用小蘇打檸檬水，如此體內產生的二氧化碳可提高腸子的作用，將胃和腸中的內容物順利地送往該到達處。但若在用餐前飲用，則食物順利往下輸送，因為得不到飽足感而會吃得太多，導致反效果。另外，小蘇打檸檬水要冷水沖泡，溫度愈低發泡時間愈持久。如果以常溫的水沖泡，氣泡很快就會消散，建議你在氣泡消失前儘早喝完喔！

口味調整

不喜歡小蘇打檸檬水或有些膩口時，可以增添其他食物來變換口味，例如加入少量的柑橘類果汁、蘋果醋和蜂蜜等不同的味道，選擇合乎自己口味的小蘇打檸檬水來減肥，就可以快樂瘦身喔！

其他妙用

我們已經介紹了許多小蘇打的用法，
但小蘇打還有其他妙用呢！
再介紹一些妙招給你，一定會派上用場喔！

清除皮鞋污垢

每天收放皮鞋之前，先用小蘇打糊清除污垢吧！

準備物品

小蘇打糊適量、牙刷、抹布

清理方法

1. 將小蘇打糊塗在牙刷上。
2. 以牙刷刷出髒污處（如圖）。
3. 再以抹布擦拭乾淨。

小撇步 每次打掃後都可以使用！

小蘇打只能清除污垢。去除汙垢之後，再上一層鞋油吧！

讓鞋帶更容易解開

打結的鞋帶總是很難拆解，只要使用小蘇打粉，就變得很容易解開了。

準備物品

小蘇打粉適量

清理方法

1. 在指尖沾上小蘇打粉。
2. 搓揉已經變硬的打結處（如圖）。

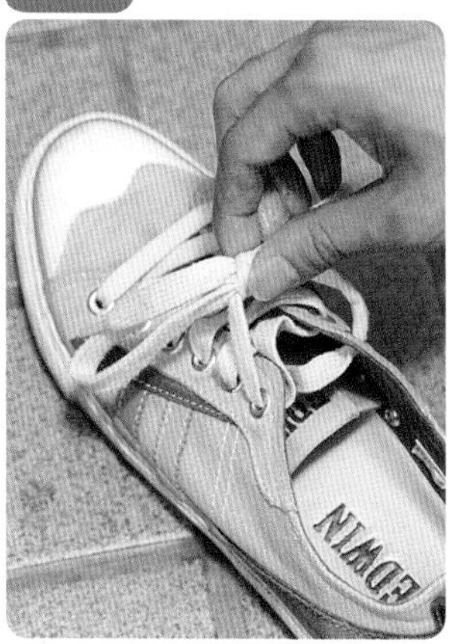

小撇步 像是要把小蘇打粉搓進去！

就像是要把小蘇打粉搓進打結處一樣地塗抹吧！

COLUMN

有異味的運動鞋，Bye-Bye!

透氣性不佳的運動鞋，總是會充滿異味。如果就放著不管，討厭的臭味可是會一直累積唷！使用小蘇打粉，告別臭臭的運動鞋吧！

清洗運動鞋

運動鞋穿髒了可不要不管喔！為了穿得更久，就以小蘇打好好地清理一下吧！

準備物品

小蘇打粉1/2杯、洗衣劑適量

熱水4L、海綿、水桶

清理方法

1. 在水桶中注入熱水，加入小蘇打粉攪拌，完全溶解（如上圖）。
2. 將運動鞋浸入桶中的小蘇打水。
3. 海綿沾一些洗衣劑，刷洗運動鞋（如下圖）。
4. 以水清洗淨，陰乾即可。

清除車內異味

附著在車子座椅上的氣味，總是很難去除。就用小蘇打粉來除臭吧！

準備物品

小蘇打粉適量、吸塵器

清理方法

1. 將小蘇打粉灑在車子的座椅上（如上圖）。
2. 用手搓一搓座位上的小蘇打粉。
3. 靜置一會兒，再用吸塵器吸除小蘇打粉（如下圖）。

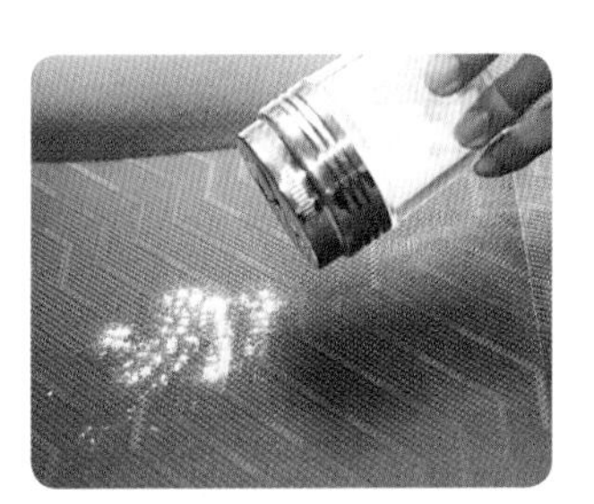

清除腳踏車污泥

使用小蘇打粉，也能輕鬆去除沾染於腳踏車上的污泥。

準備物品

小蘇打糊適量、牙刷、抹布

清理方法

1. 將小蘇打糊塗在牙刷上。
2. 以牙刷刷除髒污（如上圖）。
3. 以水洗去小蘇打糊，再以乾抹布擦拭乾淨（如下圖）。

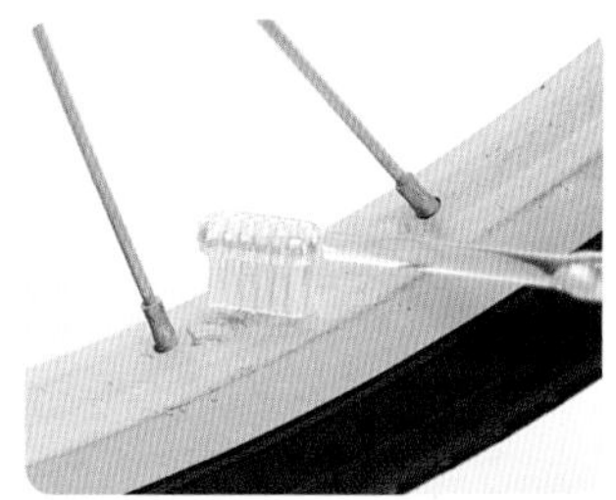

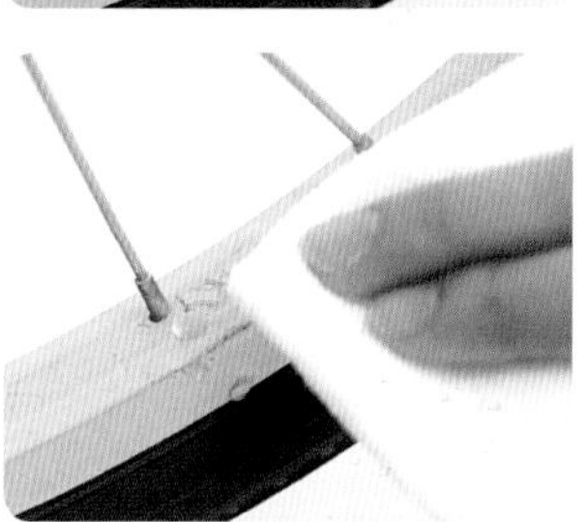

製作擋風玻璃清潔液

面對卡在擋風玻璃上的泥沙、水漬等髒污，使用小蘇打就一切搞定。

準備物品

小蘇打粉1/2小匙、水適量

清理方法

1. 將小蘇打粉拌入200ml的水中，待其完全溶解。
2. 將小蘇打水注入擋風玻璃清潔液的水箱裡。
3. 再加入水，直到水箱滿了為止。

小蘇打讓視野更明亮！

小蘇打的成分能去除擋風玻璃上的油漬，讓開車時視野變得更好。

幫停車場解凍

天冷的國家停車場一到冬天就結凍，這時只要利用小蘇打粉，輕輕鬆鬆就能溶解囉！

準備物品

小蘇打粉適量

清理方法

1. 將小蘇打粉均勻地灑在結凍的地方。
2. 靜置直到冰融化為止。

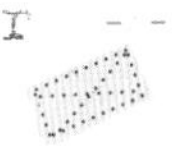

去除雜草

雜草總是春風吹又生，只要使用小蘇打就能簡單去除。維持庭院的美觀一點也不難喔！

準備物品

小蘇打粉適量

清理方法

在雜草根部附近灑上小蘇打粉（如圖）。

小蘇打能防蛞蝓！

如果有蛞蝓，就灑一些小蘇打粉吧！也可以用鹽巴取代喔！

維持植物的清潔

以小蘇打粉噴霧來清除觀葉植物上的灰塵，讓它們長保乾淨，自由呼吸吧！

準備物品

小蘇打粉2大匙、水1L

抹布、噴瓶

清理方法

1. 小蘇打粉拌入水中，攪拌至完全溶解。
2. 以裝有小蘇打水的噴瓶，噴灑觀葉植物的葉（如上圖）。
3. 以抹布把葉子擦拭乾淨（如下圖）。

讓番茄更甜美

只要在番茄根部的土壤上灑小蘇打粉，番茄的酸度就會變低，甜度就會增加喔！

準備物品

小蘇打粉適量

清理方法

在種植番茄的土壤根部灑上小蘇打粉。

酸度會變低唷！

小蘇打的中和作用能讓番茄的酸度降低，甜美程度再加分！

讓花朵美麗綻放

栽種紫陽花、天竺葵等偏好鹼性土壤的花兒時，可以使用小蘇打，讓花兒開得更漂亮。

準備物品

小蘇打粉1撮、水1杯、噴水壺

清理方法

1. 小蘇打粉拌入水中，拌至完全溶解。
2. 使用噴水壺，將小蘇打水噴在花的根部。

消除腳部疲勞

若腳部感覺疲勞，就用小蘇打水來泡腳，讓雙腳放鬆一下吧！

準備物品

小蘇打粉4大匙、熱水1L
臉盆

清理方法

1. 把小蘇打粉拌入臉盆裡的熱水，拌至完全溶解。
2. 雙腳泡入小蘇打水中。

清除燈油氣味

燈油的氣味非常難以去除。妙用小蘇打的除臭功能，就能將討厭的味道趕走囉！

準備物品

小蘇打粉適量、毛巾

清理方法

1. 直接在沾了燈油的手上灑一些小蘇打粉，仔細搓洗（如上圖）。
2. 以濕毛巾將小蘇打和污垢擦拭乾淨（如下圖）。

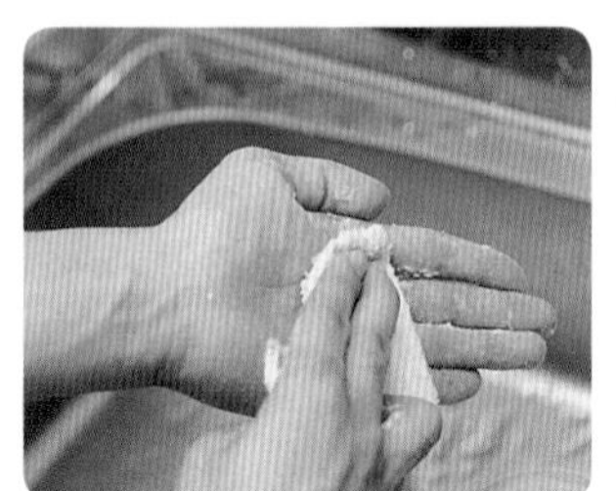

止癢藥膏

將小蘇打糊抹在蚊蟲叮咬處，小蘇打發揮中和作用就能減緩症狀。

準備物品

小蘇打粉4小匙、甘油2小匙
薄荷油數滴

清理方法

1. 混和小蘇打粉和甘油，製成小蘇打糊。
2. 再將薄荷油混入步驟1的小蘇打糊中。
3. 塗抹於蚊蟲叮咬處。

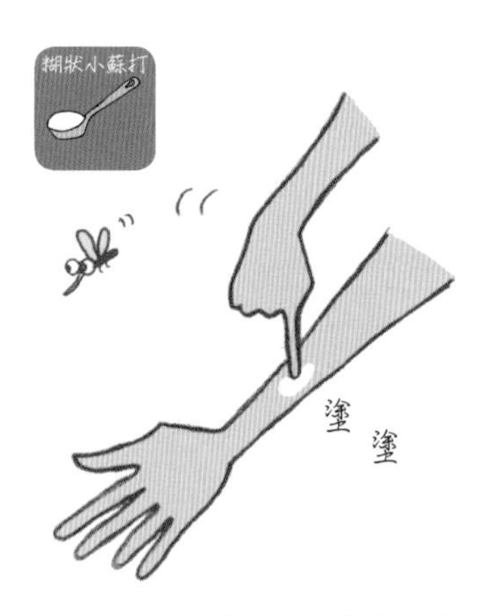

緩解喉嚨疼痛

感冒喉嚨疼痛時，就使用以小蘇打、黑砂糖、鹽巴做成的小蘇打水，舒緩疼痛的感覺吧！

準備物品

小蘇打粉1小匙、黑砂糖1小匙
鹽1小匙、溫水200ml、杯子

清理方法

1. 將小蘇打粉、黑砂糖、鹽拌入杯中的溫水，拌至完全溶解。
2. 以小蘇打水漱口。

小撇步 別忘了給醫生檢查唷！

小蘇打水並不是藥品。感冒的時候，建議你還是要去看醫生的意見喔！

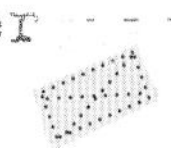

呵護小傷口

被紙劃傷、被刺扎到而形成的小傷口，就用小蘇打糊來清洗吧！

準備物品

小蘇打糊適量、OK繃1枚

清理方法

1. 將小蘇打糊抹在傷口處，清洗乾淨。
2. 以水洗去小蘇打糊，再將OK繃貼在傷口上。

小撇步 小蘇打並不是治療用藥！

以小蘇打清潔之後，要好好地照護傷口喔！

緩解消化不良或宿醉症狀

前一天喝太多了，胃很不舒服，這時候吃一點小蘇打粉，就能減緩不舒服的感覺。

準備物品

小蘇打粉1.5g

清理方法

1. 小蘇打粉配冷水或熱水飲用。
2. 胃部不適的感覺就能緩解了。

小撇步 症狀嚴重時，就要去看醫生！

若出現胃潰瘍或胃痛等嚴重症狀，就要找醫生檢查唷！

製作可食用打黏土

讓我們快樂地製作可食用的小蘇打黏土吧！因為可以食用，所以絕對放心唷！

準備物品

小蘇打粉1小匙、小麥粉2杯
鹽1小撮、起酥油1/3杯
砂糖2大匙、熱水2大匙
香草精油少許、檸檬汁少許

製作方法

1. 將所有材料全部放進大碗，充分揉和（如上圖）。
2. 把材料捏成不同的造型，再放進烤箱中，以150℃烤20至30分鐘（如下圖）。（若塗上蛋黃，就會發出光澤喔！）

收納塑膠製品

在由高熱接合黏著的塑膠製品上，撒一些小蘇打粉，就可以抑制其黏著性。

準備物品

小蘇打粉適量

收拾方法

1. 在擠光空氣且壓平的塑膠製品上灑小蘇打粉。
2. 將塑膠製品摺疊起來收放，可以抑制乙烯基分子之間的聚合力。

清潔貓咪砂盒

只要在凝固的貓砂上灑小蘇打粉，就能保持貓咪廁所的清潔。

準備物品

小蘇打粉（可食用）適量

清理方法

在貓咪廁所的貓砂上灑小蘇打粉。

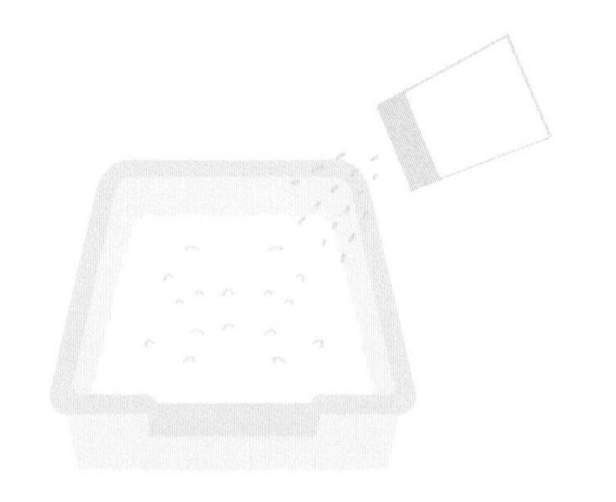

清除狗廁所臭味

直接在狗狗上廁所的地方灑小蘇打粉，就能趕走臭味了。

準備物品

小蘇打粉（可食用）　適量

清理方法

1. 在狗狗的廁所灑上小蘇打粉（如圖）。
2. 裝入垃圾袋中丟棄。

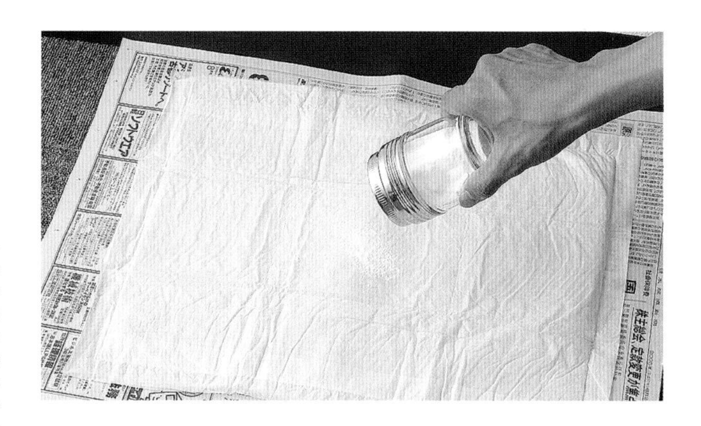

去除尿騷味

散步時，狗狗會在電線桿或樹幹上尿尿，這時候可以使用小蘇打粉來中和酸性。

準備物品

小蘇打粉適量

清理方法

在電線桿或樹幹上的尿尿處灑上小蘇打粉（如圖）。

※灑上小蘇打粉對周邊草地造成除草的作用，所以可別亂灑太多喔！

清除寵物便溺

如果寵物便溺了，可以先在該處灑上小蘇打粉，靜置一夜後，再以吸塵器清除。

準備物品

小蘇打粉（可食用）適量

吸塵器

清理方法

1. 先擦除小大便，再灑上小蘇打粉。
2. 靜置一夜之後，用吸塵器將小蘇打粉吸乾淨。

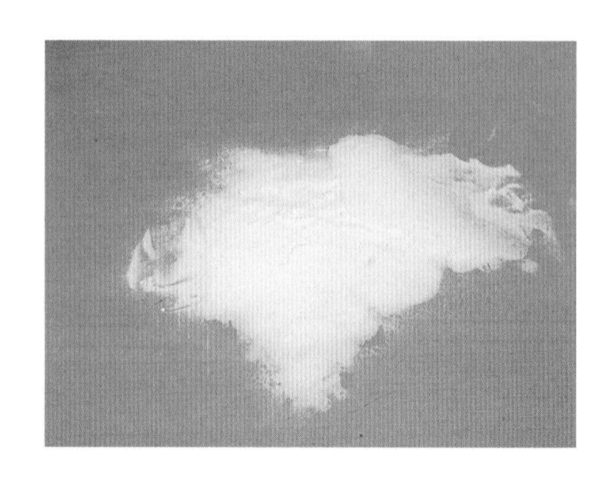

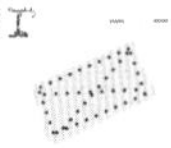

去除寵物屋異味

將小蘇打放入容器中，再置於寵物屋中，即可發揮絕佳的除臭效果。

準備物品

小蘇打粉（可食用）適量
寬口容器、棉布

清理方法

1. 將小蘇打粉倒入寬口的容器中，以棉布將口封住後打個大蝴蝶結。
2. 將容器放在不易翻倒的角落（如圖）。

※在寵物屋的地板上撒些小蘇打粉，也很有效！

清潔寵物被單

將寵物的床單浸泡在裝了小蘇打水的水盆，可消除床單的異味。

準備物品

小蘇打粉（可食用）適量
水1L、水盆

清理方法

1. 在水盆中倒入適量的小蘇打粉，調成小蘇打水。
2. 將被單泡入盆內（如圖）。
3. 浸泡約一小時後放入洗衣機清洗。

去除毛巾墊異味

狗屋和鋪在臥室的毛巾墊都很容易吸附異味。這時候，就可以派出小蘇打，它能發揮很好的除味功用喔！

準備物品

小蘇打粉（可食用）適量
吸塵器

清理方法

1. 直接將小蘇打粉撒在有異味的毛巾墊上，放置一小時（如圖）。
2. 以吸塵器吸掉小蘇打粉。

小蘇打適用於貓狗，其他寵物也適用！

小蘇打也適用於貓狗以外的寵物，對倉鼠等小動物也能發揮立即效用。

在倉鼠的廁所砂和遊戲砂撒上小蘇打粉，臭味就不見囉！小蘇打的除臭力也可去除廁所氣味呢！

小蘇打粉可消除尿騷味

剛出生的小狗狗都需要經過一段時間訓練才能養成良好的排尿的習慣。當訓練期間狗狗總會在不同的地方小便時，只要撒上小蘇打粉，味道就可以消除。一旦沒了味道，小狗狗就不會再回同一處小便了。

去除小狗體味

當小貓身上附著了糞味或其他難聞的濃郁味道時，可用加了小蘇打粉的洗澡水來幫狗狗洗澎澎。

準備物品

小蘇打粉（可食用）3杯
熱水適量、狗用沐浴乳
檸檬汁2小匙

清理方法

1. 小蘇打粉倒入浴盆中（如圖）。
2. 在狗用沐浴乳中混入檸檬汁。
3. 以沐浴乳清洗小狗身體，再以浴盆內的小蘇打水沖乾淨。

清除狗毛污垢

愛在戶外玩耍的小狗，身上毛髮容易附著污垢，建議使用小蘇打來幫忙保持乾淨。

準備物品

小蘇打粉（可食用）適量
刷子

清理方法

1. 直接將小蘇打粉撒在不乾淨的毛髮上。
2. 以刷子刷掉污垢及小蘇打粉。
3. 感覺就像乾洗過一樣喔！

恢復毛髮光澤

在洗澡水或一般清洗用的水中混入小蘇打粉，可讓寵物的毛髮閃亮、有光澤。

準備物品

小蘇打粉（可食用）3大匙
熱水適量

清理方法

1. 在熱水中倒入小蘇打粉，調成溫小蘇打水。
2. 以溫小蘇打水清洗寵物。
3. 擦乾身體後，毛髮即變得閃閃亮亮。

預防結球

小貓會舔自己身上的毛，將毛理順，所以胃中容易囤積毛球，可用小蘇打來減少毛球量。

準備物品

小蘇打水（2大匙小蘇打粉：1L熱水）、布

清理方法

1. 小蘇打粉倒入熱水中混合。
2. 以小蘇打水沾濕抹布，擰乾後擦拭小貓的身體。

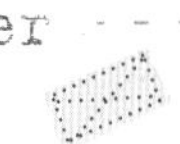

清除狗玩具髒污

小狗、小貓愛玩的玩具很容易變髒。當你發現玩具變髒時，就噴一噴小蘇打水吧！

準備物品

小蘇打水（小蘇打粉1大匙：溫水1L）、噴瓶、洗臉盆、布

清理方法

1. 小蘇打粉倒入水中充分攪拌均勻。
2. 將小蘇打水裝入噴瓶中，噴灑洗臉盆裡的玩具上（如圖），再以乾布擦乾。

幫狗狗刷牙

狗也要刷牙喔！以天然素材小蘇打替寶貝狗狗刷個牙吧！

準備物品

小蘇打水（小蘇打粉1小匙：溫水1杯）、牙刷

清理方法

1. 小蘇打加入裝水的杯子內，攪拌均勻。
2. 以牙刷沾取些許小蘇打水（如圖），替狗狗刷牙。

清洗寵物食盆

養在戶外的狗狗所使用的食盆要常清洗，連養在家裡的寵物的食盆也要喔！

準備物品

小蘇打粉適量、醋水（醋1：水2至3）、壓克力纖維抹布

清理方法

1. 將小蘇粉加在已用水沾濕的壓克力纖維抹布上，然後磨擦食器（如圖）。
2. 非常髒的部分可再噴上醋水後擦拭。
3. 再以水清洗乾淨。

食盆周圍的防蟲妙方

在容易招惹蟲蟻的小狗、小貓的食盆周圍撒上小蘇打粉，就可以防蟲喔！

準備物品

小蘇打粉（可食用）適量

清理方法

1. 預先在食器周圍撒上小蘇打粉（如圖）。
2. 一旦小蘇打粉不見蹤影時，就再撒一次。

消除騷味

小蘇打除臭的效果一級棒，也可用來減輕嬰兒衣物上沾到排洩物、令人掩鼻的味道喲！

準備物品

小蘇打粉1杯、臉盆

清理方法

1. 將髒污的衣物放入水盆裡。
2. 撒入大量的小蘇打粉。

清洗塑膠製玩具

寶貝愛玩的玩具很容易弄髒，可以利用小蘇打使它恢復乾淨。

準備物品

小蘇打粉3大匙、布

清理方法

1. 小蘇打粉撒在沾水弄濕的布上。
2. 以布擦掉弄髒的部分。
3. 擦掉髒污後，以水沖洗掉小蘇打粉，再晾乾即可。

小撇步

布製玩具也可使用小蘇打！

布偶也可以用小蘇打來清潔，詳情參考P.60。

清洗狗項圈

小狗的項圈會因為皮脂等變髒，如果用小蘇打清潔，不僅可以洗得很乾淨，而且很衛生喔！

準備物品

小蘇打水（小蘇打粉1大匙：溫水1L）、洗臉盆

清理方法

1. 洗臉盆裡倒入溫水和小蘇打粉，充分混合均勻。
2. 項圈浸入小蘇打水內，一邊用手搓洗掉髒污（如圖）。

清洗狗衣服

小狗的衣服即使只穿一次也會留下味道。如果狗騷味很重時，就須立即清洗！

準備物品

小蘇打水（小蘇打粉1大匙：溫水1L）、洗臉盆

清理方法

1. 洗臉盆內倒入溫水和小蘇打粉，充分攪拌均勻。
2. 將寵物服浸泡在小蘇打水中約二小時（如圖）。
3. 以洗衣機清洗。

使手縫針恢復光亮

手縫針會因為手上的油脂、皮屑等污垢而生繡、變鈍，如果你想讓針恢復光亮，小蘇打粉的潔淨功效絕對會讓你大呼驚奇喔！

準備物品

小蘇打粉適量、布

清理方法

1. 將小蘇打粉撒在布上。
2. 手縫針放在撒有小蘇打粉的布上，來回擦拭。

小撇步 花點心思，可常保手縫針的光亮！

製作插針時，將小蘇打粉加在內部的棉絮裡，針插於其上可常保光亮。

消除舊書異味

長期擱置在書架上的書會產生一股黴味。這時，只要灑上小蘇打粉就可去除黴喔！

準備物品

小蘇打粉適量

清理方法

1. 在有黴味的頁面之間撒些小蘇打粉（如圖）。
2. 擱置兩天。
3. 當黴味消失，就拍掉小蘇打粉。

緩和咖啡酸味

咖啡加上小蘇打，可緩和酸味，也會變成對胃有益的飲料喲！

準備物品

小蘇打粉（可食用）1小撮

咖啡1杯

清理方法

1. 杯中倒入咖啡。
2. 抓1小撮小蘇打粉放入咖啡裡（如圖）。

不只咖啡，其他飲料也可加入小蘇打粉！

除了咖啡，一些具酸味的飲料也可放入小蘇打粉，能讓味道變溫和喔！分量通常是1杯放1小撮小蘇打粉，飲料的原味一點也不會改變喔！

清潔化妝用品

每天必用、容易積存髒污的化妝用品也可以用小蘇打粉來清潔，讓你盡情享受化妝的樂趣！

準備物品

小蘇打粉 4大匙、水1L

清理方法

1. 小蘇打粉放入水盆中與水分混勻。
2. 將髮梳、粉撲等化妝工具浸泡在小蘇打水裡。
3. 經過一天之後，以布擦乾水分、晾乾即可。

推薦品

BakingSoda catalogue

小蘇打粉和檸檬酸屬天然素材，對人類身體與地球都有好處。
小蘇打粉和檸檬酸的使用方法五花八門，功效極佳，
建議你視各種狀況來使用。
以下就為你介紹一些值得推薦的小蘇打粉和檸檬酸產品。

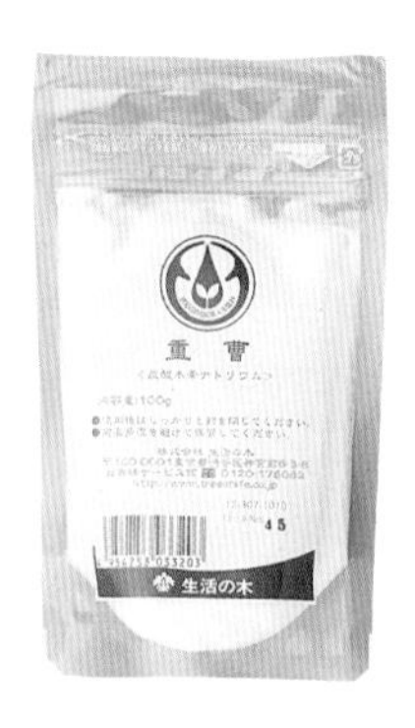

小蘇打粉

¥210／100g／株式社會生活之木／03-3409-1781／作為泡浴球（bathbomb，發泡性入浴劑）的主要成分，很受歡迎。

蒙古（Siringol）產的小蘇打粉

¥420／600g／木曾路物產株式社會／0573-26-1805／開採於內蒙古的天然小蘇打粉。

外天蒙古產的小蘇打粉

¥420／600g／株式社會丹羽久／0573-25-5201／吸引人購買的魅力在於顆粒很細。

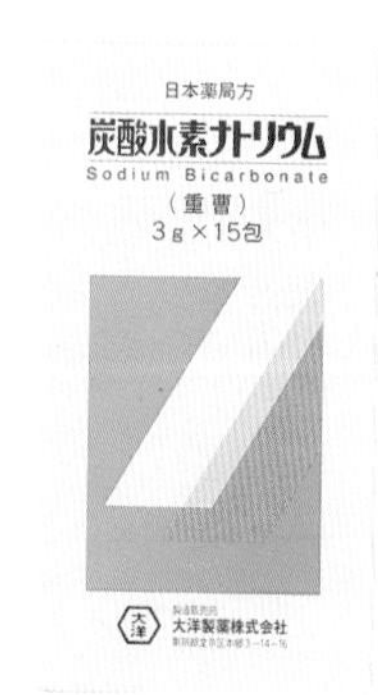

碳酸鈉（Sodium Carbonate）

¥262／3g×15包／大洋製藥株式社會／03-3818-4328／對於吃太飽、嘔吐、胃痛等具療效，可於藥局購得。

小蘇打粉

價格未定（open price）／3g×18包／健榮製藥株式社會／06-6231-5626／常用來去除蔬菜澀味、清洗器具。

碳酸鈉（小蘇打粉）

價格未定／500g／小堺製藥株式社會／03-3631-1495／用途甚廣，可用在料理、打掃及寵物的保養。

Arm & Hammer安心廚房濕巾

價格未定／15張／葵緹亞（Kracie Home Products）／03-5446-3210／以小蘇打鹼性電解水的洗淨力可以完全清除廚房周邊的髒污。

Arm & Hammer Baking Soda shaker N

價格未定／340g／葵緹亞（Kracie Home Products）／03-5446-3210／安心廚房洗潔劑，以100%純天然的小蘇打製成。

Green 小蘇打粉

￥126／90g／株式社會不二化學食品工廠／0229-22-1036／因添加了綠球藻（Chlorella），所以可用來去除山菜、茼蒿的澀味，並增加蔬菜的色澤與鮮度。

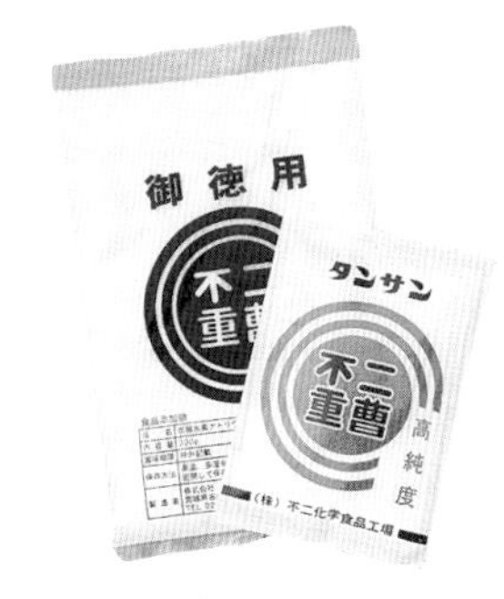

不二牌小蘇打粉

（左）￥250／300g（右）￥73／50g／株式社會不二化學食品工廠／0229-22-1036／食用小蘇打粉，建議用於製作糕點。

Tansan（小蘇打粉）

￥73／50g／共立食品株式社會／03-3831-0870／雖是食用小蘇打粉，但也當入浴劑，或打掃時使用。

檸檬酸

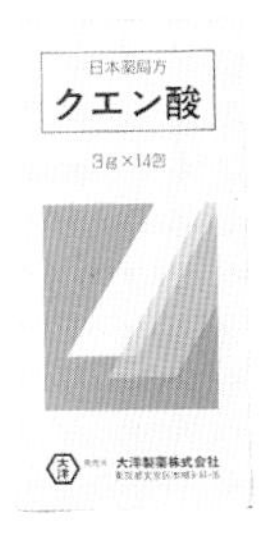

檸檬酸

￥735／3g×14／大洋製藥株式社會／03-3831-4328／用途很多，可消除疲勞，當作健康飲料、調味料使用。

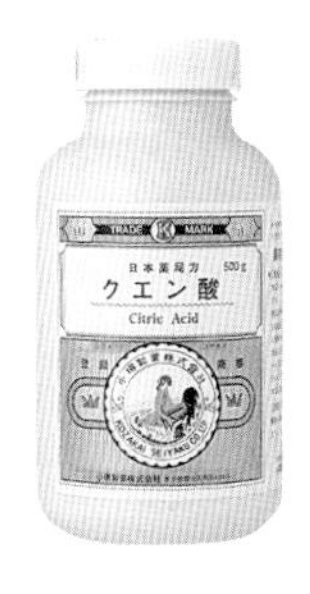

檸檬酸

價格未定／500g／小堺製藥株式社會／03-3631-1495／適合用來當作料理的隱味、酸味料。

檸檬酸

￥339／250g／木曽路物產株式社會／0573-26-1805／100%以玉米、地瓜為原料製造。

CleanQ檸檬酸

￥498／330g／株式社會丹羽久／0573-25-5201／最高級的檸檬酸。除了作為飲料之外，對去除水垢或泛黃污垢也很有效。

自然樂活 01

純天然無毒清潔術【熱銷版】

妙用小蘇打×檸檬酸×醋

作　　者／Boutique-Sha
譯　　者／瞿中蓮・連雪伶・夏淑怡・黃立萍・Nina
總 編 輯／蔡麗玲
執行編輯／白宜平
編　　輯／蔡毓玲・劉蕙寧・黃璟安・陳姿伶・李佳穎
封面設計／陳麗娜
美術編輯／周盈汝・翟秀美・韓欣恬
出 版 者／雅書堂文化事業有限公司
發 行 者／雅書堂文化事業有限公司
郵撥帳號／18225950
戶名：雅書堂文化事業有限公司
地　　址／新北市板橋區板新路206號3樓
電　　話／(02) 8952-4078
傳　　真／(02) 8952-4084
電子郵件／elegant.books@msa.hinet.net

2015年12月三版一刷　定價／250元

總　經　銷／朝日文化事業有限公司
進退貨地址／235新北市中和區橋安街15巷1號7樓
電　　　話／(02) 2249-7714
傳　　　真／(02) 2249-8715

國家圖書館出版品預行編目資料

純天然無毒清潔術：妙用小蘇打x檸檬酸x醋 / Boutique著.
-- 三版一刷. -- 新北市板橋區：雅書堂文化, 2014.01
面； 公分. -- (自然樂活 ;1)
ISBN 978-986-302-280-0 (平裝)
1. 家政　2.手冊
420.26　　104024837

純天然無毒清潔術

Fuki Fuki

純天然無毒清潔術

Fuki
Fuki